KUKA 工业机器人应用工程师系列

KUKA 工业机器人编程与实操技巧

徐　文　徐江陵　段　伟　编　著

机械工业出版社

本书围绕从认识到安全操作KUKA机器人，能够独立完成机器人的基本操作和维护以及根据实际应用进行基本编程等，通过详尽的图解实例对KUKA机器人的功能、操作和编程方法进行讲述，让读者了解每一项具体操作方法和编程作业的原则及思路，从而使读者对KUKA机器人的软、硬件方面都有一个全面的认识。为便于读者学习，本书提供PPT课件。请联系QQ296447532获取。

　　本书适合从事KUKA机器人应用的操作与编程人员，特别是刚刚接触KUKA机器人的工程技术人员，以及普通高校和高职院校自动化专业的学生。

图书在版编目（CIP）数据

KUKA工业机器人编程与实操技巧/徐文，徐江陵，段伟编著.
—北京：机械工业出版社，2017.4（2024.10重印）
ISBN 978-7-111-56309-9

Ⅰ.①K… Ⅱ.①徐… ②徐… ③段… Ⅲ.①工业机器人—程序设计②工业机器人—操作 Ⅳ.①TP242.2

中国版本图书馆CIP数据核字（2017）第050444号

机械工业出版社（北京市百万庄大街22号　邮政编码100037）
策划编辑：周国萍　　责任编辑：周国萍
责任校对：张　薇　　封面设计：路恩中
责任印制：刘　媛
涿州市般润文化传播有限公司印刷
2024年10月第1版第11次印刷
184mm×260mm·14.5印张·342千字
标准书号：ISBN 978-7-111-56309-9
定价：59.00元

电话服务　　　　　　　　　　网络服务
客服电话：010-88361066　　　机　工　官　网：www.cmpbook.com
　　　　　010-88379833　　　机　工　官　博：weibo.com/cmp1952
　　　　　010-68326294　　　金　书　网：www.golden-book.com
封底无防伪标均为盗版　　　机工教育服务网：www.cmpedu.com

前　言

人类社会的进步总是被生产力的不断发展驱动着。文明的进化一贯伴随着材料的演变和能量形式的变化两种重要的动力。在此基础上，新的智能控制技术对传统机器的改造和生产力的发展无疑起到了革命性的推动作用。在过去，人们对机器的利用即便随着技术的发展，也还是离不开大量的人的体力劳动，流水线的出现，伴随着生产过程的模块化和标准化，在为企业节约大量成本的同时，对于人力也是一次革命性的解放，而新的智能装备和智能工厂概念的出现无疑是建立在过往技术基础上的一次更加深刻的变革。

我国机械制造业及其相关产业过去长期依赖人力，并且存在劳动力过剩与生产效率相对较低的现实。从畜力代替人力耕作、劳动到简单省力机械的应用，从对风能、水能的利用到对燃气、电力的使用，人类总是朝着更"偷懒"的方向前进着。因此，德国提出了工业4.0，我国提出了"中国制造2025"，装备智能化势在必行。工业机器人是装备智能化的物质基础，相较于传统机械，工业机器人朝着类人运动的方向走得更远，应用领域更加开放。在发达国家中，工业机器人自动化生产线已广泛应用于汽车行业、电子电器行业、工程机械制造行业，其有效保证了产品质量、提高了生产效率、节约了生产成本，并大大降低了工伤事故。

KUKA（库卡）机器人无疑是工业机器人中的佼佼者。库卡机器人有限公司于1995年建立于德国巴伐利亚州的奥格斯堡，是世界领先的工业机器人制造商之一。库卡机器人有限公司在全球拥有20多个子公司，大部分是销售和服务中心，拥有丰富的机器人安装及在线运作测试经验。其机器人具有本体刚度好、运动精度高、型号全、应用领域广等优势，可广泛用于物料搬运、加工、堆垛、点焊和弧焊，涉及自动化、金属加工、食品和塑料等行业。

在本书中，以KUKA机器人为对象，就如何安全使用与操作KUKA机器人进行详细的讲解，以期让读者对KUKA机器人的操作及编程有一个基础的了解。书中的内容简明扼要、图文并茂、通俗易懂，适合从事KUKA机器人操作并刚刚接触它的相关技术人员阅读参考。为便于读者学习，本书提供PPT课件。请联系QQ296447532获取。全书由徐文、徐江陵、段伟编著。尽管编著者主观上做出了很大努力，但书中难免存在错漏之处，欢迎读者提出宝贵的意见和建议。

编著者

目　录

第 1 章

概　述

- ➤ KUKA 工业机器人在中国
- ➤ KUKA 机器人的型号
- ➤ KUKA 机器人安全注意事项

生产力的发展总是遵循效率更高,周期更短的规律。为了实现这一目标,人类孜孜不倦地寻找代替人力劳动的事物和方法,不断地用新的机械产品代替人力劳动,不断地采用新的能源方式改进生产过程。在我国,半个世纪前,钱学森先生的《工程控制论》为我国机械自动化的发展奠定了坚实的基础。时至今日,机电一体化已经成为工业生产组织形式的常态,在此基础上,随着机械生产加工的标准化和模块化的发展,德国提出了工业 4.0 计划,而我国提出了"中国制造 2025",其不只是强调生产过程的高效和智能控制,而且是更进一步利用物联信息系统将生产中的供应、制造、销售信息数据化、智能化,最后形成快速、有效、个性化的产品供应。工业机器人在这一过程中扮演着重要角色,是工业生产组织过程进行新一轮革命的基础之一。作为工业 4.0 计划的发起者,德国在工业机器人设计及生产上积累了一定优势,库卡机器人有限公司目前在全球已拥有 20 多个子公司,其工业机器人产品覆盖了小型、低、中、高、重负荷的不同应用环境。

1.1　KUKA 工业机器人在中国

从第一台纯电动机器人发展到现在,库卡的技术在同行中一直是比较领先的。从最早的专用控制系统,到后期使用工业 PC 作为控制系统,库卡机器人一直走在该领域的前列。目前,库卡公司工业机器人年产量超过 1.8 万台,至今已在全球安装了超过 15 万台工业机器人。由于汽车工业大流水作业的特性,KUKA 工业机器人在中国车厂已占有一席之地。图 1-1 为库卡机器人进行汽车车架的焊接。

图　1-1

2014 年,库卡在上海建立了亚洲第一个海外工厂,这意味着库卡机器人在中国将进军更加广阔的产业市场,诸如食品工业和饮料行业、物流现场的搬运、激光表面热处理、机械加工等诸多领域。图 1-2、图 1-3 分别为堆垛用库卡机器人和库卡机器人专用焊接机焊接特殊部件。据相关专业人士预计,在中国,库卡机器人在汽车产业的销量大概占到 50%～60%总销量的情况来看,至少还有一半的销量将覆盖计算机、通信和消费性电子行业等领域。

图　1-2

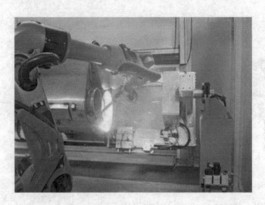

图　1-3

　　在中国，KUKA 亚洲新工厂的投产，无疑是库卡全球战略中的重要一步，基于工业机器人的自动化解决方案具有巨大的市场。库卡上海工厂将为中国的工业自动化解决方案做出更大的贡献。KUKA 正与越来越多的本地优秀企业建立起密切的联系。更多的资讯，可以通过以下途径了解：

　　KUKA 机器人官方网站：www.kuka.com

　　中国机器人网 KUKA 专区：kuka.robot-china.com

　　KUKA 机器人（上海）有限公司：kuka.robot-china.com

1.2　KUKA 机器人的型号

　　目前，库卡机器人有限公司在全球拥有 20 多个子公司，其产品覆盖了绝大多数欧洲国家，与此同时，在美国、日本、中国等国家也占据了坚实的市场份额。库卡公司为适应不同的行业要求，开发了从低负荷到重负荷等四种不同负载的机器人系列。以下是 KUKA 机器人主要型号的介绍（具体参数规格以 KUKA 官方最新的公布为准）。

1. KR 5 arc（领域：焊接、物料搬运、装配、压铸等）（图1-4）

KR 5 arc 是库卡机器人系列产品中最小的机器人之一。其 5kg 的负载能力特别适合完成标准弧焊工艺。具有价格优惠、尺寸紧凑等优势。无论是落地安装还是安装在天花板上，KR 5 arc 都能可靠地完成工作任务。

图 1-4

（1）紧凑轻量 作为 KUKA 低负荷工业机器人之一，KR 5 arc 在紧凑的空间内极限地表现着 KUKA 对产品功能与技术的孜孜追求。紧凑的尺寸使其可以安装在任何地方。

（2）可靠性好 拥有同类产品中最长的使用寿命（40000h 的可靠生产），最长的保养间隔（20000h 的不间断生产）。

（3）灵活多用，易于集成 KR 5 arc 不仅仅用于焊接领域，紧凑的结构和完备的功能使其可以进行其他集成工艺应用。

（4）生产效率高 使用 EMD 进行自动校准，即使在发生故障后也能确保快速恢复到可用状态。

（5）扩展性 可配合固定轨迹、轨道进行生产，可用于各种生产流水线进行生产。

KR 5 arc 规格参数

性能

承重能力	5kg
附加负重	12kg
最大工作范围	1412mm
轴数	6
重复精确度	0.04mm

轴运动范围

轴	旋转角度
1	±155°
2	+65°/−180°
3	+158°/−15°
4	±350°
5	±130°
6	±350°

最大速度

轴 1	154°/s
轴 2	154°/s
轴 3	228°/s
轴 4	343°/s
轴 5	384°/s
轴 6	721°/s

其他参数

本体质量	127kg
安装位置	地面、天花板
控制系统	KR C2

2. KR X arc HW 系列（领域：焊接、物料搬运、涂装、测量检测等）（图 1-5）

针对气体保护焊接应用，库卡机器人有限公司专门开发了 Hollow Wrist 系列机器人。此类新型机器人具有一些与众不同的功能特征，其机械臂和机械手上有一个 50mm 宽的通孔，可以保护机械臂上的整套保护气体软管的敷设。由此不仅可以避免保护气体软管组件受到机械性损失，而且可以防止其在机器人改变方向时随意甩动。既可敷设抗扭转软管组件，也可用于能无限转动的保护气体软管组件。

图 1-5

（1）专业 干扰轮廓小以及修长的整体结构使得工业机器人即使在狭窄的空间内也能提供极佳的可达性。该机器人精度达到 0.05mm，其工作范围大、到达距离长，其中 KR 16 L6-2KS 工作半径能达到 2.10m。

（2）可靠性好 平均故障间隔达到数万小时，故障恢复时间短，这也使 KR X arc HW 系列机器人得到对可靠性要求极高的汽车产业的推崇。

（3）多样化 大量与集成应用相关的机型可实现多种集成应用工艺的可能性，根据工作内容的不同开发出如 KR 16 L6-2KS、KR 16 arc HW、KR 16-2 CR 等各型衍生机型。

（4）耐高温 提供适用于压铸机和其他高温作业环境的铸造型工业机器人。

（5）极高的灵活性 不同的安装方式为不同的集成工艺提供极高的灵活性。

KR X arc HW 系列规格参数

性能

承重能力

KR 5-2 arc HW	5kg
KR 16 arc HW	16kg

最大工作范围

KR 5-2 arc HW	1423mm
KR 16 arc HW	1636mm
轴数	6
重复精度	0.04mm

轴运动范围

轴	旋转角度 KR5-2 arc	旋转角度 KR16 arc
1	±155°	±185°
2	+65°/−180°	+35°/−155°
3	+170°/−110°	+154°/−120°
4	±165°	±165°
5	±140°	±130°
6	无限制	无限制

最大速度

轴	KR5-2 arc	KR16 arc
1	156°/s	200°/s
2	156°/s	200°/s
3	227°/s	195°/s
4	390°/s	370°/s
5	390°/s	310°/s
6	858°/s	610°/s

其他参数

本体质量

KR 5-2 arc HW	126kg
KR 16 arc HW	245kg
安装位置	地面、天花板
控制系统	KR C4
防护等级	IP54

3. KR 16 系列（领域：焊接、加工、机械加工、锻造等）（图 1-6）

由于用途广泛、应用灵活，KR 16 系列适合加工工业的绝大多数应用领域，无论是汽车配件供应行业还是非汽车领域。

图 1-6

（1）规划可靠性　干扰轮廓小及修长的设计使得工业机器人即使在狭窄的空间内也能提供极佳的可达性。

（2）使用寿命长　从 15000 个售出系统的经验中证实了其耐用性与可靠性好。

（3）多样化　大量与集成应用相关的机型可实现多种集成应用工艺的可能性，根据工作内容的不同开发出各型衍生机型。

（4）耐高温　提供适用于压铸机和其他高温作业环境的铸造型工业机器人。

（5）极高的灵活性　不同的安装方式为不同的集成工艺提供极高的灵活性。

KR16 系列规格参数

性能

承重能力	16kg
附加负载	10kg
最大工作范围	1611mm
轴数	6
重复精度	0.05mm

轴运动范围

轴	旋转角度
1	±185°
2	+35°/−155°
3	+154°/−130°
4	±350°
5	±130°
6	±350°

最大速度

轴	最大速度
1	156°/s
2	156°/s
3	156°/s
4	330°/s
5	330°/s
6	615°/s

其他参数

本体质量	235kg
安装位置	地面、天花板
控制系统	KR C2

4. L 系列（领域：焊接、物料搬运、安装等）（图1-7）

针对一些应用领域对机器人作用范围有特定要求，库卡在低、中负荷机器人中推出了 L 系列的 KR 16 L6-2 机器人和 KR 30 L16-2 机器人。

图　1-7

（1）可靠性强　L 系列机器人沿袭了普通机型平均故障间隔时间长、维护时间短等优点。

（2）作用范围大　虽然损失一部分速度，但通过加长第二轴与第三轴长度，使最大工作范围相对于普通机型增加了 20%～50%，以适应一些特殊的应用环境。

（3）结构紧凑　在增大工作范围的前提下，L 系列机器人与普通机型比较，本体质量没有很大增加，在最大限度地节省生产空间的同时，能够轻松完成大范围的工艺动作。

（4）通用性好　紧凑的结构及标准化的设计使 L 系列机器人便于集成在广泛的生产流程中。占地面积小而覆盖范围大使其在相应应用中更具优势。

L 系列规格参数

性能

承重能力	
KR 16 L6-2	6kg
KR 30 L16-2	16kg

最大工作范围	
KR 16 L6-2	1911mm
KR 30 L16-2	3102mm
轴数	6

重复精度	
KR 16 L6-2	0.10mm
KR 30 L16-2	0.07mm

轴运动范围

轴	旋转角度 KR 16 L6-2	旋转角度 KR 30 L16-2
1	±185°	±185°
2	+35°/−155°	+35°/−135°
3	+154°/−130°	+158°/−120°
4	±350°	±350°
5	±130°	±130°
6	±350°	±350°

最大速度

轴	KR 16 L6-2	KR 30 L16-2
1	156°/s	100°/s
2	156°/s	80°/s
3	156°/s	80°/s
4	335°/s	230°/s
5	335°/s	165°/s
6	647°/s	249°/s

其他参数

本体质量	
KR 16 L6-2	240kg
KR 30 L16-2	700kg
安装位置	地面、天花板
控制系统	KR C2

5. KR16 L6–2 KS（F）（领域：铸造、焊接、成型加工机床、搬运与装卸、注塑成型设备等）（图1-8）

安装在设备上的 KS 型架装式机器人增加了作业空间深度，同时缩小了机身尺寸。这项优势在对注塑机进行装卸时表现得尤为突出。由于底座平展，故行程路径短且作用范围大，这样在设备装料时便可缩短周期时间。

图 1-8

（1）规划可靠性 干扰轮廓小及修长的设计使得工业机器人即使在狭窄的空间内也能提供极佳的可达性。

（2）多样化 大量与集成应用相关的机型可实现多种集成应用工艺的可能性，根据工作内容的不同开发出各型衍生机型。

（3）耐高温 提供适用于压铸机和其他高温作业环境的铸造型工业机器人。

（4）灵活性 不同的安装方式为不同的集成工艺提供极高的灵活性。

KR16 L6-2 KS（F）规格参数

性能

承重能力	6kg
最大工作范围	
KR16 L6-2 KS	2101mm
KR16 L6-2 KS-F	1801mm
轴数	6
重复精度	0.05mm

轴运动范围

轴	旋转角度
1	±114°
2	+80°/-110°
3	+154°/-130°
4	±350°
5	±130°
6	±350°

最大速度

轴	KR 16 L6-2 KS	KR 30 L16-2 KS-F
1	120°/s	168°/s
2	156°/s	173°/s
3	156°/s	192°/s
4	335°/s	329°/s
5	335°/s	332°/s
6	647°/s	789°/s

其他参数

本体质量	245kg
安装位置	地面
控制系统	KR C2

6. KR 30-3（领域：注塑成型设备、焊接、成型加工机床）（图 1-9）

相较于 KR 16 系列机器人，KR30-3 机器人牺牲了较小转动速度，大大增加了机器人的负载能力，使得 KR 16 系列机器人在应对不同的使用环境时更加游刃有余，广泛应用于焊接、成型加工制造等领域。

图 1-9

（1）规划可靠性 干扰轮廓小及修长的设计使得工业机器人即使在狭窄的空间内也能提供极佳的可达性。

（2）适用广泛 更大的负载能力使该款机器人在多领域中具有更加广泛的适用性。

（3）使用寿命长 在加大负载的同时继承了 KR 16 系列机器人的耐用性与可靠性。

（4）耐高温 提供适用于压铸机和其他高温作业环境的铸造型工业机器人。

（5）极高的灵活性 不同的安装方式为不同的集成工艺提供极高的灵活性。

KR 30-3 规格参数

性能

承重能力	30kg
最大工作范围	
KR 30-3	2033mm
KR30-3 F	2041mm
轴数	6
重复精度	
KR 30-3	0.06mm
KR 30-3 F	0.15mm

轴运动范围

轴	旋转角度
1	±185°
2	+35°/−135°
3	+158°/−120°
4	±350°
5	±119°
6	±350°

最大速度

轴	最大速度
1	140°/s
2	126°/s
3	140°/s
4	260°/s
5	245°/s
6	322°/s

其他参数

本体质量	
KR 30-3	665kg
KR 30-3 F	867kg
安装位置	地面、天花板
控制系统	KR C2

7. KR 30–4 KS（领域：注塑成型设备、铸造、焊接、成型加工机床等）（图 1–10）

安装在设备上的 KS 型架装式机器人增加了作业空间深度，同时缩小了机身尺寸。这项优势在对注塑机进行装卸时表现得尤为突出。由于底座平展，故行程路径短且作用范围大，这样在设备装料时可缩短周期时间。

图 1-10

（1）规划可靠性　干扰轮廓小及修长的设计使得工业机器人即使在狭窄的空间内也能提供极佳的可达性。

（2）使用寿命长　强大的机器人本体设计及制造能力保证了 KR30-4 KS 机器人的耐用性与可靠性。

（3）多样化　大量与集成应用相关的机型可实现多种集成应用工艺的可能性，根据工作内容的不同开发出各型衍生机型。

（4）耐高温　提供适用于压铸机和其他高温作业环境的铸造型工业机器人。

（5）极高的灵活性　不同的安装方式为不同的集成工艺提供极高的灵活性。

KR 30-4 KS 规格参数

性能

承重能力	30kg
最大工作范围	2233mm
轴数	6

重复精度

KR 30-4 KS	0.10mm
KR 30-4 KS-F	0.15mm

轴运动范围

轴	旋转角度 KR 30-4 KS	旋转角度 KR 30-4 KS-F
1	±185°	±150°
2	+75°/-105°	+75°/-105°
3	+158°/-120°	+158°/-120°
4	±350°	±350°
5	±119°	±119°
6	±350°	±350°

最大速度

轴	KR 30-4 KS	KR 30-4 KS-F
1	140°/s	140°/s
2	126°/s	137°/s
3	140°/s	166°/s
4	260°/s	260°/s
5	245°/s	245°/s
6	322°/s	322°/s

其他参数

本体质量	600kg
安装位置	地面
控制系统	KR C2

8. KR 30 HA、KR 60 HA（领域：注塑成型设备、铸造、焊接、成型加工机床等）（图1-11）

KR X HA 系列机器人专为高精度的工艺动作而设计，其重复精度达到0.05mm，适合激光应用领域或部件测量领域。该机器人的显著特点是其腕轴具有极高的精确度和速度。

图 1-11

（1）规划可靠性 干扰轮廓小及修长的设计使得工业机器人即使在狭窄的空间内也能提供极佳的可达性。

（2）高精度 KR X HA 系列机器人专为高精度的工艺动作而设计，其重复精度达到0.05mm。

（3）多样化 大量与集成应用相关的机型可实现多种集成应用工艺的可能性，根据工作内容的不同开发出各型衍生机型。

（4）耐高温 提供适用于压铸机和其他高温作业环境的铸造型工业机器人。

（5）极高的灵活性 不同的安装方式为不同的集成工艺提供极高的灵活性。

HA 系列规格参数

性能

承重能力	30kg
最大工作范围	2033mm
轴数	6
重复精度	0.05mm

轴运动范围

轴	旋转角度
1	±185°
2	+35°/−135°
3	+158°/−120°
4	±350°
5	±119°
6	±350°

最大速度

轴	KR 30 HA	KR 60 HA
1	140°/s	128°/s
2	126°/s	102°/s
3	140°/s	128°/s
4	260°/s	260°/s
5	245°/s	245°/s
6	322°/s	322°/s

其他参数

本体质量	665kg
安装位置	地面、天花板
控制系统	KR C2

9．KR 60-3（F）（领域：注塑成型设备、焊接、铸造等）（图1-12）

KR 60-3（F）型库卡机器人的配置最佳地配合了铸造应用领域的需求。库卡中央手臂可在 100°C 下不间断工作，且每分钟可在 180°C 条件下以峰值功率工作 10s。

图　1-12

（1）规划可靠性　干扰轮廓小及修长的设计使得工业机器人即使在狭窄的空间内也能提供极佳的可达性。

（2）重复精度高　为适应精密铸造的应用需求，KR 60-3（F）型机器人同样专注于提高其运动精度，其重复精度达到 0.06mm。

（3）多样化　大量与集成应用相关的机型可实现多种集成应用工艺的可能性，根据工作内容的不同开发出各型衍生机型。

（4）耐高温　提供适用于压铸机和其他高温作业环境的铸造型工业机器人。

（5）极高的灵活性　不同的安装方式为不同的集成工艺提供极高的灵活性。

KR60-3 系列规格参数

性能

承重能力	60kg
最大工作范围	2033mm
轴数	6
重复精度	0.06mm

轴运动范围

轴	旋转角度
1	±185°
2	+35°/−135°
3	+158°/−120°
4	±350°
5	±119°
6	±350°

最大速度

轴	最大速度
1	128°/s
2	102°/s
3	128°/s
4	260°/s
5	245°/s
6	322°/s

其他参数

本体质量	665kg
安装位置	地面、天花板
控制系统	KR C2

10. KR 60–4 KS（F）（领域：注塑成型设备、焊接、成型加工机床、铸造等）（图1–13）

安装在设备上的KS型架装式机器人增加了作业空间深度，同时缩小了机身尺寸。这项优势在对精密铸件进行装卸时表现得尤为突出。由于底座平展，故行程路径短且作用范围大，这样在设备装料时可缩短周期时间。

图 1–13

（1）规划可靠性　干扰轮廓小及修长的设计使得工业机器人即使在狭窄的空间内也能提供极佳的可达性。

（2）重复精度高　为适应精密铸造的应用需求，KR 60-4 KS（F）型机器人同样专注于提高其运动精度，其重复精度达到0.06mm。

（3）多样化　大量与集成应用相关的机型可实现多种集成应用工艺的可能性，根据工作内容的不同开发出各型衍生机型。

（4）耐高温　提供适用于压铸机和其他高温作业环境的铸造型工业机器人。

（5）极高的灵活性　不同的安装方式为不同的集成工艺提供极高的灵活性。

KR60-4 KS 系列规格参数

性能

承重能力	60kg
最大工作范围	2233mm
轴数	6
重复精度	0.06mm

轴运动范围

轴	旋转角度
1	±150°
2	+75°/–105°
3	+158°/–120°
4	±350°
5	±119°
6	±350°

最大速度

轴	最大速度
1	138°/s
2	130°/s
3	166°/s
4	260°/s
5	245°/s
6	322°/s

其他参数

本体质量	600kg
安装位置	地面、案台
控制系统	
KR 60-4 KS	KR C2
KR 60-4 KS F	KR C4

11. KR 30 jet、KR 60 jet（领域：注塑成型设备、焊接、成型加工机床等）（图1-14）

KR X jet 系列机器人又称为龙门架机器人，适用于需要顶部安装作业及大型机械装卸作业的需求，其可以过顶安装，也可以侧面安装。KUKA 还为其配备了适用于特殊生产要求的线性滑轨，增加了其工作范围。

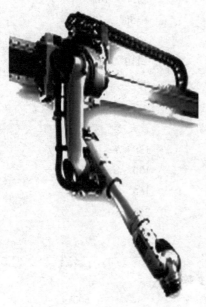

图 1-14

（1）规划可靠性　干扰轮廓小及修长的设计使得工业机器人即使在狭窄的空间内也能提供极佳的可达性。

（2）小巧化　为适应顶部安装作业，KR X jet 系列机器人各轴修长，结构紧凑，运动灵活。

（3）多样化　大量与集成应用相关的机型可实现多种集成应用工艺的可能性，根据工作内容的不同开发出各型衍生机型。

（4）工作范围大　线性滑轨的加入使该型机器人获得更大的工作范围。

（5）极高的灵活性　不同的安装方式为不同的集成工艺提供极高的灵活性。

KR X jet 系列规格参数

性能

承重能力	
KR 30 jet	30kg
KR 60 jet	60kg
最大工作范围	1670mm
轴数	6
重复精度	0.07mm

轴运动范围

轴	旋转角度 KR 30 jet 轨道长度	旋转角度 KR 60 jet 轨道长度
1		
2	+0°/−180°	+0°/−180°
3	+180°/−120°	+158°/−120°
4	±350°	±350°
5	±119°	±125°
6	±350°	±350°

最大速度

轴	KR 30 jet	KR 60 jet
1	3.2m/s	3.2m/s
2	126°/s	120°/s
3	166°/s	166°/s
4	260°/s	260°/s
5	245°/s	245°/s
6	322°/s	322°/s

其他参数

本体质量	435kg
安装位置	龙门架、墙面
控制系统	KR C2

12. CR 系列（领域：注塑成型设备、焊接、喷涂等）（图 1-15）

CR 系列净室机器人与库卡普通机器人不同的是，净室机器人喷涂了特殊油漆且表面经过打磨抛光，这就避免了微粒的粘附，适用于涂装及打磨工作环境。

图 1-15

（1）规划可靠性　干扰轮廓小及修长的设计使得工业机器人即使在狭窄的空间内也能提供极佳的可达性。

（2）使用寿命长　其特殊的表面处理保证其在严苛的微粒环境中能够保持长期正常工作状态。

（3）多样化　大量与集成应用相关的机型可实现多种集成应用工艺的可能性，根据工作内容的不同开发出各型衍生机型。

（4）高精度　其重复精度最高能达到 0.06mm

（5）极高的灵活性　不同的安装方式为不同的集成工艺提供极高的灵活性。

CR 系列规格参数

性能

承重能力		
KR 16-2 CR		16kg
KR 30-3 CR		30kg
最大工作范围		
KR 16-2 CR		1.61m
KR 30-3 CR		2.03m
轴数		6
重复精度		
KR 16-2 CR		0.05mm
KR 30-3 CR		0.06mm

轴运动范围

轴	旋转角度 KR 16-2 CR	旋转角度 KR 30-3 CR
1	±185°	±185°
2	+35° /−155°	+35° /−135°
3	+154° /−130°	+158° /−120°
4	±350°	±350°
5	±130°	±119°
6	±350°	±350°

最大速度

轴	KR 16-2 CR	KR 30-3 CR
1	156° /s	140° /s
2	156° /s	126° /s
3	156° /s	140° /s
4	330° /s	260° /s
5	330° /s	245° /s
6	615° /s	322° /s

其他参数

本体质量	KR 16-2 CR	235kg
	KR 16-2 CR	665kg
安装位置		天花板、墙面
控制系统		KR C2

13. KR QUANTEC prime 系列（领域：注塑成型设备、焊接、成型加工机床等）（图1-16）

KR QUANTEC prime 系列更精致、更轻巧,稳定性和精确性超群,作业周期更短,而轨迹精度与节能效果最佳。"KR QUANTEC prime"系列为点焊及其他领域树立了新的绩效标杆。尽管作用半径大至3000mm 左右,负载能力达到150kg 以上,"KRQUANTEC prime"仍然可实现±0.06mm 的点重复精度。

图 1-16

（1）规划可靠性 干扰轮廓小及修长的设计使得工业机器人即使在狭窄的空间内也能提供极佳的可达性。

（2）使用寿命长 扎实的本体制造及超大负载是其寿命周期的最佳说明。

（3）多样化 大量与集成应用相关的机型可实现多种集成应用工艺的可能性,根据工作内容的不同开发出各型衍生机型。

（4）高精度 其重复精度最高能达到0.06mm。

（5）极高的灵活性 不同的安装方式为不同的集成工艺提供极高的灵活性。

KR QUANTEC prime 系列规格参数

性能

承重能力	
KR 150 R3100 prime	150kg
KR 180 R2900 prime	180kg
KR 210 R2700 prime	210kg

最大工作范围	
KR 150 R3100 prime	3.1m
KR 180 R2900 prime	2.9m
KR 210 R2700 prime	2.7m
轴数	6
重复精度	0.06mm

轴运动范围

轴	旋转角度
1	±185°
2	−5°/−140°
3	+155°/−120°
4	±350°
5	+125°/−122.5°
6	±350°

最大速度

轴	最大速度
1	105°/s
2	107°/s
3	114°/s
4	179°/s（136°/s）
5	172°/s（129°/s）
6	219°/s（206°/s）

注: 括号内为 KR 210 R2700 最大速度。

其他参数

本体质量	
KR 150 R3100 prime	1114kg
KR 180 R2900 prime	1106kg
KR 210 R2700 prime	1111kg
安装位置	地面、天花板
控制系统	KR C4
防护等级	IP65

14. KR QUANTEC pro 系列（领域：注塑成型设备、焊接、成型加工机床等）（图1-17）

结构精简，稳定性好，轻巧完成最高的动作密度；干扰轮廓更小，还有更精炼的机械手，"KR QUANTEC pro"系列机器人具备各种驾驭未来挑战的前提条件，并以单元精简设计理念在高负载能力应用领域里游刃有余。可工作在负载能力高至 120kg、作用半径达 2500mm 的应用领域。

图 1-17

（1）规划可靠性　干扰轮廓小及修长的设计使得工业机器人即使在狭窄的空间内也能提供极佳的可达性。

（2）多样化　大量与集成应用相关的机型可实现多种集成应用工艺的可能性，根据工作内容的不同开发出各型衍生机型。

（3）高精度　其重复精度最高能达到0.06mm，机器人以最轻巧的机身贡献最高的动作能力和最优性能。

（4）极高的灵活性　不同的安装方式为不同的集成工艺提供极高的灵活性。

（5）工作范围大　作用半径可高达2500mm。

KR QUANTEC pro 系列规格参数

性能

承重能力	
KR 90 R2700 pro	90kg
KR 120 R2500 pro	120kg

最大工作范围	
KR 90 R2700 pro	2.7m
KR 120 R2500 pro	2.5m
轴数	6
重复精度	0.06mm

轴运动范围

轴	旋转角度
1	$\pm185°$
2	$-5°/-140°$
3	$+155°/-120°$
4	$\pm350°$
5	$\pm125°$
6	$\pm350°$

最大速度

轴	最大速度
1	136°/s
2	130°/s
3	120°/s
4	292°/s
5	258°/s
6	284°/s

其他参数

本体质量	
KR 90 R2700 pro	1058kg
KR 120 R2500 pro	1049kg
安装位置	地面
控制系统	KR C4
防护等级	IP65

15. KR QUANTEC ultra 系列（领域：塑料加工设备、焊接、成型加工机床等）（图1-18）

当前市场上高负载能力应用范围内性能最强的机器人。在占用空间和质量优势方面毫不逊色于 KR QUANTEC 系列的其他机型，"ultra" 系列可提供最佳的绩效和无限的动态特性与性能。其中，"KR 270 R2700 ultra" 在自重仅有1170kg的条件下可达到270kg的负荷能力，作用半径最大可达 2700 mm，点重复精度达到± 0.06mm。

图　1-18

（1）规划可靠性　干扰轮廓小及修长的设计使得工业机器人即使在狭窄的空间内也能提供极佳的可达性。

（2）大负载　KR QUANTEC 系列中的大力士，原始机型的加强版，在没有加大太多自重的同时，获得更大的运动效能，扩大了其应用领域。

（3）多样化　大量与集成应用相关的机型可实现多种集成应用工艺的可能性，根据工作内容的不同开发出各型衍生机型。

（4）高精度　其重复精度最高能达到0.06mm，机器人以最轻巧的机身贡献最高的动作能力和最优性能。

（5）极高的灵活性　不同的安装方式为不同的集成工艺提供极高的灵活性。

KR QUANTEC ultra 系列规格参数

性能

承重能力

KR 240 R2900 ultra	240kg
KR 270 R2700 ultra	270kg
KR 300 R2500 ultra	300kg

最大工作范围

KR 240 R2900 ultra	2.9m
KR 270 R2700 ultra	2.7m
KR 300 R2500 ultra	2.5m
轴数	6
重复精度	0.06mm

轴运动范围

轴	旋转角度
1	±185°
2	−5°/−140°
3	+155°/−120°
4	±350°
5	+125°/−122.5°
6	±350°

最大速度

轴	最大速度
1	105°/s
2	101°/s
3	107°/s
4	122°/s（136°/s）
5	113°/s（129°/s）
6	175°/s（206°/s）

注：括号内为 KR 240 R 2900 ultra 最大速度。

其他参数

本体质量

KR 240 R2900 ultra	1145kg
KR 270 R2700 ultra	1129kg
KR 300 R2500 ultra	1120kg
安装位置	地面/天花板
控制系统	KR C4
防护等级	IP65

16．KR QUANTEC extra 系列（领域：塑料加工设备、铸造、焊接、成型加工机床等）（图1-19）

以最小的投资成本实现多样性和灵活性的最大化，更精致、更紧凑，更稳定。

图 1-19

（1）规划可靠性　干扰轮廓小及修长的设计使得工业机器人即使在狭窄的空间内也能提供极佳的可达性。

（2）轻量化　通过降低运动部件的质量，"KR QUANTEC extra" 系列机器人在精度、性能、能耗以及可用性方面树起了新标杆，其为 "KR QUANTEC prime" 最具效益性的替代品种。

（3）多样化　大量与集成应用相关的机型可实现多种集成应用工艺的可能性，根据工作内容的不同开发出各型衍生机型。

（4）耐高温　提供适用于压铸机和其他高温作业环境的铸造型工业机器人。

（5）极高的灵活性　不同的安装方式为不同的集成工艺提供极高的灵活性。

KR QUANTEC extra 系列规格参数

性能

承重能力

KR 90 R3100 extra	90kg
KR 120 R2900 extra	120kg
KR 180 R2500 extra	180kg
KR 210 R2700 extra	210kg

最大工作范围

KR 90 R3100 extra	3.1m
KR 120 R2900 extra	2.9m
KR 180 R2500 extra	2.5m
KR 210 R2700 extra	2.7m
轴数	6
重复精度	0.06mm

轴运动范围

轴	旋转角度
1	±185°
2	−5°/−140°
3	+155°/−120°
4	±350°
5	+125°
6	±350°

最大速度

轴	最大速度
1	123°/s
2	115°/s
3	120°/s（112°/s）
4	292°/s（179°/s）
5	258°/s（172°/s）
6	284°/s（219°/s）

注：括号内为 KR 180 R2500 extra 和 KR 210 R2700 extra 4～6轴的最大速度。

其他参数

本体质量

KR 90 R3100 extra	1092kg
KR 120 R2900 extra	1084kg
KR 180 R2500 extra	1059kg
KR 210 R2700 extra	1068kg
安装位置	地面/天花板
控制系统	KR C4
防护等级	IP65

17. KR QUANTEC prime K 系列（领域：冲压流水线、焊接、成型加工机床等）（图1-20）

集超凡的精致和轻巧与卓越的刚性和精度为一身。作业周期缩短 25%，同时具有最高的轨迹精度和最佳节能效果。

图 1-20

（1）规划可靠性　干扰轮廓小及修长的设计使得工业机器人即使在狭窄的空间内也能提供极佳的可达性。

（2）轻量化　"KR QUANTEC prime K"以只有 1200kg 左右的自重实现最佳的动态特性与性能。

（3）多样化　大量与集成应用相关的机型可实现多种集成应用工艺的可能性，根据工作内容的不同开发出各型衍生机型。

（4）高精度　其重复精度最高能达到 0.06mm，机器人以最轻巧的机身贡献最高的动作能力和最优性能。

（5）极高的灵活性　不同的安装方式为不同的集成工艺提供极高的灵活性。

KR QUANTEC prime K 系列规格参数

性能

承重能力
KR 90 R3700 prime K	90kg
KR 120 R3500 prime K	120kg
KR 150 R3300 prime K	150kg
KR 210 R2900 prime K	210kg

最大工作范围
KR 90 R3700 prime K	3.7m
KR 120 R3500 prime K	3.5m
KR 150 R3300 prime K	3.3m
KR 210 R2900 prime K	2.9m

轴数	6
重复精度	0.06mm

轴运动范围

轴	旋转角度
1	±185°
2	+70°/−140°
3	+155°/−120°
4	±350°
5	+125°/−122.5°
6	±350°

最大速度

轴	最大速度
1	105°/s
2	107°/s
3	114°/s
4	292°/s（179°/s）
5	258°/s（172°/s）
6	284°/s（219°/s）

注：括号内为 KR 210 R2900 prime K 4~6 轴的最大速度。

其他参数

本体质量
KR 90 R3700 prime K	1204kg
KR 120 R3500 prime K	1192kg
KR 150 R3300 prime K	1184kg
KR 210 R2900 prime K	1180kg

安装位置	地面/天花板
控制系统	KR C4
防护等级	IP65

18. KR QUANTEC ultra K 系列（领域：塑料加工设备、焊接、成型加工机床等）（图1-21）

集超凡的精致和轻巧与卓越的刚性和精度为一身。作业周期缩短 25%，同时具有最高的轨迹精度和最佳节能效果。

图 1-21

（1）规划可靠性 干扰轮廓小及修长的设计使得工业机器人即使在狭窄的空间内也能提供极佳的可达性。

（2）轻量化 "KR QUANTEC ultra K" 以只有 1200kg 左右的自重实现最佳的动态特性与性能。

（3）多样化 大量与集成应用相关的机型可实现多种集成应用工艺的可能性，根据工作内容的不同开发出各型衍生机型。

（4）高精度 其重复精度最高能达到 0.06mm，机器人以最轻巧的机身贡献最高的动作能力和最优性能。

（5）极高的灵活性 不同的安装方式为不同的集成工艺提供极高的灵活性。

KR QUANTEC ultra K 系列规格参数

性能

承重能力
KR 120 R3900 ultra K	120kg
KR 210 R3300 ultra K	210kg
KR 240 R3100 ultra K	240kg

最大工作范围
KR 120 R3900 ultra K	3.9m
KR 210 R3300 ultra K	3.3m
KR 240 R3100 ultra K	3.1m
轴数	6
重复精度	0.06mm

轴运动范围

轴	旋转角度
1	±185°
2	+70°/−140°
3	+155°/−120°
4	±350°
5	+125°/−122.5°
6	±350°

最大速度

轴	最大速度
1	105°/s
2	101°/s
3	107°/s
4	292°/s（136°/s）
5	258°/s（129°/s）
6	284°/s（206°/s）

注：括号内为 KR210 R3300 ultra K 和 KR 240 R3100 ultra K 4～6 轴的最大速度。

其他参数

本体质量
KR 120 R3900 ultra K	1221kg
KR 210 R3300 ultra K	1214kg
KR 240 R3100 ultra K	1198kg
安装位置	地面/天花板
控制系统	KR C4
防护等级	IP65

19. KR QUANTEC PA 系列（领域：堆垛、焊接、成型加工机床等）（图 1-22）

尽管负荷高，但仍有最好的加速值。为大负载能力而设计，即使在最高负载时，也能确保最好的加速值。其广泛应用于货物搬运及堆垛。

图 1-22

（1）规划可靠性　干扰轮廓小及修长的设计使得工业机器人即使在狭窄的空间内也能提供极佳的可达性。

（2）轻量化　"KR QUANTEC PA"以只有 1100kg 左右的自重实现最佳的动态特性与性能。

（3）多样化　大量与集成应用相关的机型可实现多种集成应用工艺的可能性，根据工作内容的不同开发出各型衍生机型。

（4）高精度　其重复精度最高能达到0.06mm，机器人以最轻巧的机身贡献最高的动作能力和最优性能。

（5）极高的灵活性　不同的安装方式为不同的集成工艺提供极高的灵活性。

KR QUANTEC PA 系列规格参数

性能

承重能力	
KR 240 R3200 PA	240kg
KR180R3200 PA	180kg
KR120R3200 PA	120kg

最大工作范围	
KR 240 R3200 PA	3.2m
KR180R3200 PA	3.2m
KR 120R3200 PA	3.2m
轴数	6
重复精度	0.06mm

轴运动范围

轴	旋转角度
1	±185°
2	+70°/−140°
3	+155°/−120°
4	±350°
5	+125°/−122.5°
6	±350°

最大速度

轴	最大速度
1	105°/s
2	101°/s
3	107°/s
4	292°/s（136°/s）
5	258°/s（129°/s）
6	284°/s（206°/s）

注：括号内为 KR 210 R2900 prime K 4~6 轴的最大速度。

其他参数

本体质量	
KR 240 R3200 PA	1103kg
KR180R3200PA	1093kg
KR 120R3200PA	1075kg
安装位置	地面/天花板
控制系统	KR C4
防护等级	IP65

20. KR 90 系列（领域：搬运与装卸、激光焊接、装配、机械加工、成型加工机床、锻造设备等）（图 1-23）

凭借 90kg 的负载能力，KR90 系列机器人能胜任机械加工及特殊工艺加工的需求，与此同时，也能进行一定质量的工业零件的搬运与装拆，辅助工业设备作业。KR90 系列机器人在保证其负载能力的同时发扬多样性和灵巧性，其更精确、更紧凑、更稳定，成为 KUKA 工业机器人中的中坚力量。

图 1-23

1）可靠性强，平均故障间隔时间长，能在较恶劣的工作环境中连续使用，具有维护时间短等优点。

2）承重更大，并追求自身体量的轻量化，相比于低、中负荷的各型机器人，能胜任更高要求的机械工业应用。

3）速度快，在保证额定负载的情况下针对应用，在系列的不同产品中最大限度地提高各关节的最大转动速度，使机器人工作循环时间降至最短。

4）精度高，具有很好的重复定位精度（0.06mm）。

5）通用性好，柔性化集成和生产。针对不同的应用环境，可通过各式上臂延长器和各种手腕模块进行柔性定制。

KR90 系列规格参数

规格

机器人型号	承重能力	工作半径
KR90 R3100 extra	90kg/50kg	3.10m
KR90 R2700 pro	90kg/50kg	2.70m
KR 90 R3700	90kg/50kg	3.70m

性能

重复定位精度		0.06mm	

速度

轴	3100	2700	3700
1	123°/s	136°/s	105°/s
2	115°/s	130°/s	107°/s
3	120°/s	120°/s	114°/s
4	292°/s	292°/s	292°/s
5	258°/s	258°/s	258°/s
6	284°/s	284°/s	284°/s

性能

重复定位精度	±0.06mm
KR 90 R3100 extra	1092kg
KR 90 R2700 pro	1058kg
KR90 R3700 prime K	1204kg
安装位置	地面
控制系统	KR C4
防护等级	IP65

运动范围

轴	3100	2700	3700
1	±185°	±185°	±185°
2	−5°/−140°	−5°/−140°	+70°/−140°
3	+155°/−120°	−155°/−120°	+155°/−120°
4	±350°	±350°	±350°
5	±125°	±125°	+125°/−122.5°
6	±350°	±350°	±350°

21. KR 120 系列（领域：搬运与装卸、激光焊接、装配、机械加工、成型加工机床、锻造设备等）（图1-24）

KR120 系列机器人是 KR90 系列机器人的加强版，其负载能力更强，而速度并没有明显下降。与 KR90 系列机器人的运用相似，KR120 系列机器人能进行较大质量的工业零件的搬运与装拆，辅助工业设备作业。

图 1-24

1）可靠性强，平均故障间隔时间长，能在较恶劣的工作环境中连续使用，具有维护时间短等优点。

2）速度快，在保证额定负载的情况下，能尽量少地损失各关节的最大转动速度，使机器人工作循环时间降至最短。

3）承重更大，在 KR90 系列机器人的基础上增加了机器人的负载能力，使其在各领域中应用更轻松。

4）精度高，具有很好的重复定位精度。

5）通用性好，柔性化集成和生产。针对不同的应用环境，可通过各式上臂延长器和各种手腕模块进行柔性定制。

KR120 系列规格参数

规格

机器人型号	承重能力	工作半径
KR120 R2900	120kg	2.90m
KR120 R2500	120kg	2.50m
KR 120 R3900	120kg	3.90m
KR 120 R3500	120kg	3.50m

性能

重复定位精度　　　　　0.06mm

速度

轴	2900	2500	3700
1	123°/s	136°/s	105°/s
2	115°/s	130°/s	107°/s
3	120°/s	120°/s	114°/s
4	292°/s	292°/s	292°/s
5	258°/s	258°/s	258°/s
6	284°/s	284°/s	284°/s

性能

重复定位精度	±0.06mm
KR 90 R3100 extra	1092kg
KR 90 R2700 pro	1058kg
KR90 R3700 prime K	1204kg
安装位置	地面
控制系统	KR C4
防护等级	IP65

运动范围

轴	3100	2700	3700
1	±185°	±185°	±185°
2	−5°/−140°	−5°/−140°	+70°/−140°
3	+155°/−120°	−155°/−120°	+155°/−120°
4	±350°	±350°	±350°
5	±125°	±125°	+125°/−122.5°
6	±350°	±350°	±350°

1.3 KUKA 机器人安全注意事项

本节主要介绍操作机器人或机器人系统时应遵守的安全原则和规程。

1. 工作中的安全

1）机器人速度虽然慢，但是很重并且力度很大，运动中的停顿或停止都会产生危险。即使可以预测运动轨迹，但外部信号有可能改变操作，会在没有警告的情况下，产生预想不到的运动。因此，当进入保护空间时，务必遵循所有的安全条例。

2）如果在保护空间内有工作人员，要手动操作机器人系统。

3）当进入保护空间时，请准备好示教器 smartPAD，以便随时控制机器人。

4）注意旋转或运动的工具，例如切削工具和锯。确保在接近机器人之前，这些工具已经停止运动。

5）注意工件和机器人系统的高温表面。机器人电动机长期运转后温度很高。

6）注意夹具并确保夹好工件。如果夹具打开，工件会脱落并导致人员伤害或设备损坏。夹具非常有力，如果不按照正确方法操作，也会导致人员伤害。

7）注意液压、气压系统以及带电部件，即使断电，这些电路上的残余电量也很危险。

2. 示教器的安全

示教器 smartPAD 是一种高品质的手持式终端（图 2-7），它配备了高灵敏度的一流电子设备。为避免操作不当引起的故障或损害，操作时要注意：

1）不要摔打、抛掷或重击 smartPAD，在不使用时，将它挂到专门存放它的支架上，以防意外掉到地上。

2）smartPAD 的使用和存放应避免被人踩踏电缆。

3）切勿使用锋利的物体（例如螺钉旋具或笔尖）操作触摸屏，应用手指或触摸屏（位于带有 USB 端口的 smartPAD 的背面）去操作示教器触摸屏。

4）定期清洁触摸屏。灰尘和小颗粒可能会挡住屏幕造成故障。

5）切勿使用溶剂、洗涤剂或擦洗海绵清洁 smartPAD，使用软布蘸少量水或中性清洁剂清洁。

6）没有连接 USB 设备时务必盖上 USB 端口的保护盖。如果端口暴露到灰尘中，示教器会中断或发生故障。

3. 手动模式下的安全

1）手动减速模式下，机器人只能减速（250mm/s 或更慢）操作（移动）。只要在安全保护空间之内工作，就应始终以手动速度进行操作。

2）手动全速模式下，机器人以程序预设速度移动。手动全速模式应仅用于所有人员都位于安全保护空间之外时，而且操作人员必须经过特殊训练，熟知潜在的危险。

4. 自动模式下的安全

自动模式用于在生产中运行机器人程序。在自动模式下，常规模式停止机制、自动模式停止机制和上级停止机制都将处于活动状态。

5．机器人操作过程中的电气安全

1）机器人控制系统必须关机，并采取合适措施（例如用挂锁锁住）防止未经许可的重启。

2）必须切断电源线的电压。

3）等待 5min，直至中间回路完全放电。

6．EGB 规定

对于 EGB（EGB，Elektrostatisch Gefährdete Bauelemente，即易受静电危害的元件）规定，无论在处理任何组件时均须遵守。机器人系统组件内嵌装了许多对于静电放电（ESD，Electros Static Discharge）敏感的元器件，可导致机器人系统损坏。

静电放电不仅可使电子元器件彻底损坏，而且还可导致集成电路或元器件局部受损，并进而缩短设备使用寿命或者偶尔干扰其他无损元器件的正常运作。

EGB 板处置方法如下：

1）只在以下条件下才允许解开电子元器件的包装和与其接触。

① 操作人员穿着 EGB 防护鞋或进入 EGB 鞋接地带。

② 操作人员佩戴一条 EGB 腕带通过 $1M\Omega$ 的安全电阻而接地。

2）在接触电子板之前，操作人员必须通过碰触可导电且已接地的物体来释放自己身体上的静电。

3）电子板不许带入数据浏览器、监视器和电视机的附近位置。

4）只有在测量仪已具备接地条件（例如借助接地导线），或者当无电位式测量仪的测头在开始测量之前已经短暂放电（例如基础控制系统机壳的金属光面）的条件下，才允许对电子板进行测量。

5）只在必要时才解开电子元器件的包装和与其接触。

防止静电破坏的最佳措施，是所有电位携带者都接地。

第 2 章

KUKA 机器人的基本操作

➤ KUKA 机器人系统的机构和功能

➤ 认识示教器——配置必要的操作环境

➤ KUKA 机器人数据的备份与恢复

➤ KUKA 机器人的手动操纵

2.1 KUKA 机器人系统的机构和功能

工业机器人的官方定位为："工业机器人是一种可自由编程并受程序控制的操作机。"其由控制系统、操作设备以及连接电缆和软件组成。

2.1.1 KUKA 机器人系统组成（图 2-1）

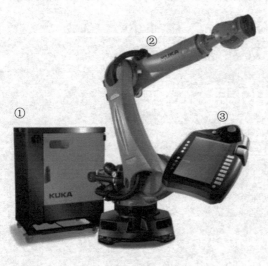
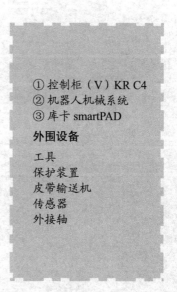

① 控制柜（V）KR C4
② 机器人机械系统
③ 库卡 smartPAD
外围设备
工具
保护装置
皮带输送机
传感器
外接轴

图　2-1

2.1.2 KUKA 机器人的机械系统

机械手是机器人机械系统的主体。KUKA 机器人一般由 6 个活动的、相互连接在一起的关节（轴）组成。1 轴到 6 轴构成完整的运动链。KUKA 机器人机械系统如图 2-2 所示。机械手零部件爆炸图如图 2-3 所示。

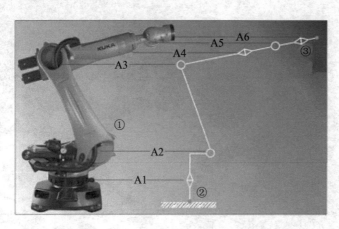

① 机械手（机器人机械系统）
② 运动链的起点：机器人足部（ROBROOT）
③ 运动链的开放端：法兰（FLANGE）
A1~A6：机器人轴 1 至轴 6

图　2-2

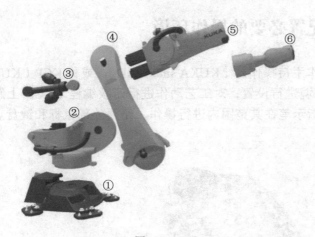

① 底座
② 转盘
③ 平衡配重
④ 连杆臂
⑤ 手臂
⑥ 手

图 2-3

2.1.3 KUKA 机器人控制系统 KR C4

KUKA 机器人控制系统 KR C4 如图 2-4 所示。

KR C4 控制系统

1. 机器人控制系统
2. 流程控制系统
3. 安全控制系统
4. 运动控制系统
5. 总线系统通信
   可编程控制器（PLC）
   其他控制系统
   传感器和执行器
6. 网络通信
   主机
   其他控制系统

图 2-4

1. KR C4 轴调节

KR C4 控制系统能对机械手的六个轴及另外的最多两个附加轴进行控制（6+2），如图 2-5 所示。

2. KR C4 的通信途径

控制柜通信支持各式 P S/2 线、网线，如图 2-6 所示。

图 2-5   图 2-6

2.2 认识示教器——配置必要的操作环境

KUKA 机器人示教器又叫作手持操作器（KUKA smartPAD），或称 KCP（KUKA 控制面板）。通过它可以对操作环境进行设置，对工艺动作进行示教编程（KCP 上触摸屏称为 smartHMI）。通过手指或指示笔在其范围内进行操作，无须外部鼠标和键盘。如图 2-7 所示。

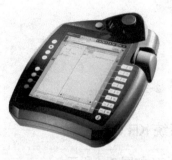

图　2-7

在 KUKA smartPAD 上，对工艺路径的示教编程及常用操作通过触摸屏和一系列功能按钮来完成，如图 2-8 所示。KUKA smartPAD 背面如图 2-9 所示。

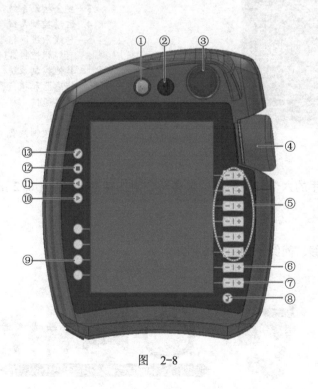

图　2-8

① KUKA smartPAD 数据线插拔按钮

② 用于调出连接管理器的钥匙开关，可以通过连接管理器切换运行模式

③ 紧急停止键。用于在危险情况下紧急关停机器人

④ 3D 鼠标，用于手动移动机器人

⑤ 移动键，在不同运动方式情况下手动移动机器

⑥ 用于设定程序倍率的按钮

⑦ 用于设定手动倍率的按钮

⑧ 主菜单按钮

⑨ 工艺键

⑩ 启动键，启动一个程序

⑪ 逆向启动键，逆向、逐步运行一个程序

⑫ 停止键，暂停程序

⑬ 键盘按钮，在必要的情况下通过键盘按钮在触摸屏上显示键盘

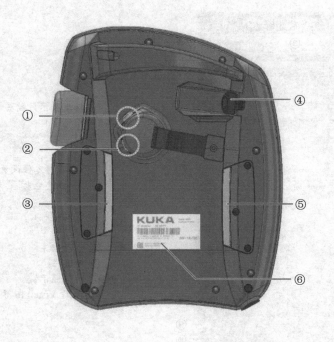

① 确认开关（使能键）
② 启动键（绿色）
③ 确认开关（使能键）
④ USB 接口
⑤ 确认开关（使能键）
⑥ 型号铭牌

图　2-9

表 2-1 为 KCP 背面各元件的说明。

表　2-1

元　　件	说　　明
型号铭牌	显示型号等信息
启动键	通过启动键，可启动一个程序
确认开关	确认开关有 3 个位置：未按下、中间位置、完全按下 在运行方式 T1 或 T2 中，确认开关必须保持在中间位置，方可起动机器人 在采用自动运行模式或外部自动运行模式时，确认开关不起作用
USB 接口	USB 接口被用于存档/还原等方面 仅适于 FAT32 格式的 USB

2.2.1　KUKA smartHMI 操作界面

KUKA smartPAD 配备一个触摸屏 smartHMI，其可以识别到什么时候需要输入字母或数字并自行显示软键盘。smartHMI 触摸屏可用手指或指示笔进行操作，可通过其进行一系列的操作设置、程序编写及运行。smartHMI 界面各功能区如图 2-10 所示。

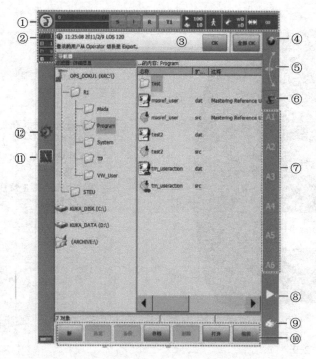

图 2-10

① 状态栏
② 信息提示计数器
③ 信息窗口
④ 3D 鼠标坐标系状态转换
⑤ 3D 鼠标定位设置键
⑥ 移动键坐标系状态转换
⑦ 移动键标记
⑧ 程序倍率
⑨ 手动倍率
⑩ 按键栏
⑪ 时钟显示键
⑫ Work Visual 图标

状态栏"提交解释器"各颜色说明见表 2-2。

表 2-2

图　标	颜　色	说　明
s	黄色	选择了提交解释器。语句指针位于所选提交程序的首行
s	绿色	提交解释器正在运行
s	红色	提交解释器被停止
s	灰色	提交解释器未被选择

状态栏

黄色为运行，准备阶段也属正常，即提交解释器正在运行。

smartHMI 软键盘如图 2-11 所示。

图 2-11

键盘

软键盘只显示规定的字符，例如如果需要编辑一个只允许输入数字的栏，则只会显示数字而不会显示字母。

2.2.2 设定 smartPAD 的显示语言

smartPAD 出厂时，默认的显示语言是英语，为了方便操作，下面介绍把显示语言设定为中文的操作步骤。如图 2-12 所示。

设置语言步骤：

1）单击状态栏主菜单按钮。

2）选择配置。

3）选择配置其他语言。

4）选择 Chinese，单击 OK。

5）重启后，主菜单已切换成中文界面。

图 2-12

2.2.3 正确使用确认键

KUKA 机器人确认键位于 smartPAD 背面，如图 2-13 所示。

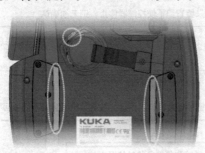

图中所示3处白色按钮为确认键，操作者可以任意四指按动确认键。确认键分为两档，在手动状态下第一档按下去，机器人将处于电动机开启状态；第二档按下去，机器人就会处于防护装置停止状态。

图 2-13

3D 鼠标和移动键变绿，指示手动操作激活状态，如图 2-14 所示。

图 2-14

2.2.4 查看 KUKA 机器人使用信息

控制器与操作员的通信通过信息窗口实现，如图 2-15 所示。其中有五种信息提示类型，具体说明见表 2-3。

图 2-15

表 2-3

图标	类型	说明
	确认信息	用于显示需操作员确认才能继续处理机器人程序的状态，例如：确认紧急停止 确认信息始终引发机器人停止或抑制其启动
	状态信息	状态信息报告控制器的当前状态，例如：紧急停止 只要这种状态存在，状态信息便无法被确认
	提示信息	提示信息提供有关正确操作机器人的信息，例如：需要启动键 提示信息可被确认。只要它们不使控制器停止，则无须确认
	等待信息	等待信息说明控制器在等待哪一事件（状态、信息或时间）。等待信息可通过按"模拟"按键手动取消
	对话信息	对话信息用于与操作员的直接通信/问询 将出现一个含各种按键的信息窗口，用这些按键可给出各种不同的回答

⚠ 警告　指令"模拟"只允许在能够排除碰撞和其他危险的情况下使用！

信息会影响机器人的功能。确认信息始终引发机器人停止或抑制其起动。为了使机器人运动，首先必须对信息予以确认。

指令"OK"表示请求操作人员有意识地对信息进行分析。

ℹ　用"OK"可对确认的信息提示加以确认。"全部 OK"可一次性全部确认所有可被确认的信息提示。

信息提示中始终包括日期和时间，以便为研究相关事件提供准确的时间。

■ 信息的影响

对信息处理的建议:

■ 有意识地阅读!

■ 首先阅读较老的信息。较新的信息可能是旧信息产生的后果。

■ 切勿轻率按下"全部 OK"。

■ 在启动后,务必仔细查看信息。在此过程中让所有信息都显示出来。(按下信息窗口即扩展信息列表)

1)触摸信息窗口(①)以展开信息提示列表。

2)确认:用"OK"(②)来对各条信息提示逐条进行确认,或者用"全部 OK"(③)来对所有信息提示进行确认。

3)再触摸一下最上边的一条信息提示或按屏幕左侧边缘上的"X"将重新关闭信息提示列表。

观察和确认信息提示的操作步骤如图 2-16 所示。

图 2-16

2.3 KUKA 机器人数据的备份与恢复

定期对 KUKA 机器人的数据进行备份,是保证 KUKA 机器人正常工作的良好习惯。

KUKA 机器人数据备份的对象是所有正在系统内存运行的程序和系统参数。当机器人系统出现错误或者重新安装新系统以后,可以通过备份快速地把机器人恢复到备份时的状态。机器人程序备份路径如图 2-17 所示。

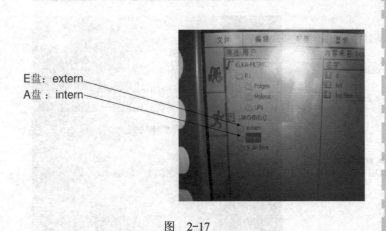

E盘:extern
A盘:intern

图 2-17

两种机器人程序备份路径:

■ E 盘:extern
■ A 盘:intern

如欲将多台机器人数据备份到一个 U 盘里,需要有两个 U 盘。将两个 U 盘插入系统,系统会根据插入先后认定后插入的为 E 盘:extern。

两个 U 盘在备份中的区别在于:A 盘只能备份一个程序,因而只能备份一个机器人的数据;而 E 盘备份的程序名称可自定义,因而现场不同名机器人都可以存入 E 盘。

在系统 C:/KRC/UTIL/KRCCONFIGURATOR 目录下找到 krcConfigurator.exe 文件,里面有存储机器人程序的路径。如图 2-18 所示。

Name：定义内部路径还是外部路径

Path：定义路径的详细名称
例如：把程序备份到E盘里，
那么Name里一定写的是
exterm, Path里写的应该是E:
UB1 ROB B.ZIP

ℹ️UB1 ROB B一定要与你机
器人参数里的名称一致，否
则机器人不会识别此路径在
Defined paths for extern里需
要将E: UB1 ROB B.ZIP激活

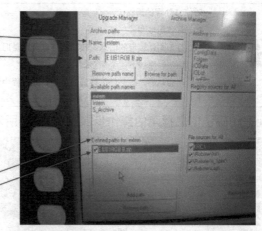

同时需要把intern路径下也配
置一下：

Name: Intern

Path: A: Intern.ZIP

在Defined paths for Intern里
需要将E：UB1 ROB B.ZIP
激活

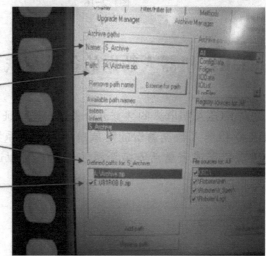

同时需要把S_archive路径下也配
置一下：

Name: S_archive

Path: A:Archive.ZIP

在Defined paths for S_archive
里需要将E：UB1 ROB

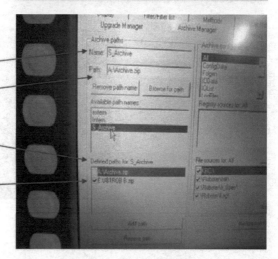

图

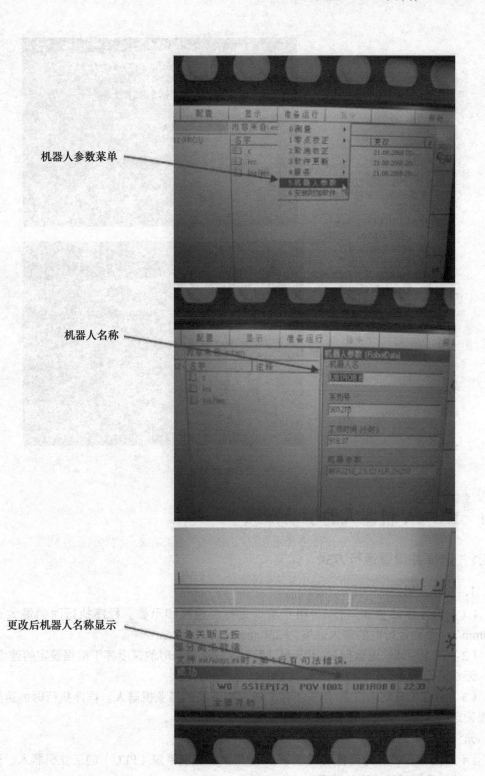

机器人参数菜单

机器人名称

更改后机器人名称显示

2-18

备份程序时有两种途径：
1）在菜单条：文件/存档
/USB/全部。
2）在ARCHIVE：/里选
择intern还是extern，全部
存档。两种方式都可以。
当备份完程序后应该看
一下extern里是否有程序
存在，如果有则证明成
功

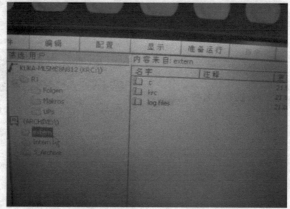

图 2-18（续）

2.4 KUKA 机器人的手动操纵

2.4.1 选择并设置运行方式

1. KUKA 机器人的运动方式

（1）T1（手动慢速运行） 用于测试运行、编程和示教。程序执行时的最大速度为
250mm/s，手动运行时的最大速度为 250mm/s。

（2）T2（手动快速运行） 用于测试运行。程序执行时的速度等于编程设定的速度。
无法进行手动运行。

（3）AUT（自动运行） 用于不带上级控制系统的工业机器人。程序执行时的速度等于
编程设定的速度。
无法进行手动运行。

（4）AUT EXT（外部自动运行） 用于带上级控制系统（PLC）的工业机器人。程序执
行时的速度等于编程设定的速度。
无法运行手动运行。

2. 选择运动方式的步骤

1）在 KCP 上转动用于连接管理器的开关，如图 2-19 所示，连接管理器后即显示。

图 2-19

2）选择运行方式，如图 2-20 所示。

图 2-20

3）将用于连接管理器的开关再次转回初始位置。所有的运动方式会显示在 smartPAD 的状态栏中，如图 2-21 所示。

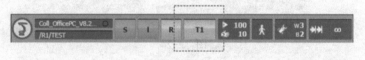

图 2-21

2.4.2 单轴运动的手动操纵

单独运动机器人的各轴操作步骤如下。

1）选择轴作为移动键的选项，如图 2-22 所示。

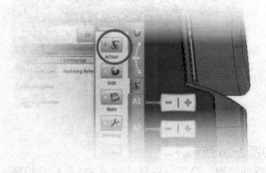

图 2-22

2）设置手动倍率，如图 2-23 所示。

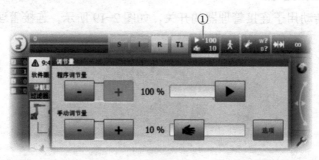

图　2-23

3）将确认开关按至中间档位并按住，如图 2-24 所示。

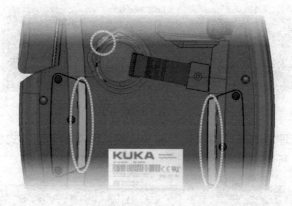

图　2-24

4）按下正或负键，如图 2-25 所示。

图　2-25

单轴运动示意图如图 2-26 所示。

通过按确认键激活驱动装置。只要一按移动键或 3D 鼠标，机器人轴的调节装置便启动，机器人执行所需的运动。运动可以是连续的，也可以是步进的，为此要在状态栏中选择增量值。

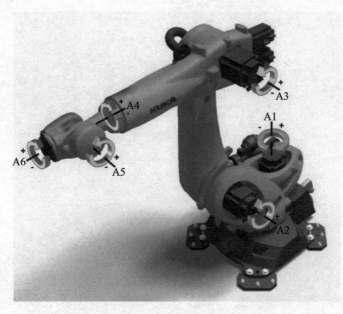

图　2-26

表 2-4 信息提示对手动运行有影响。可参考表 2-4 解决。

表　2-4

信 息 提 示	原　因	补 救 措 施
激活的指令被禁	出现停机（stop）信息或引起激活的指令被禁的状态	解锁紧急停止按钮并且/或者在信息窗口中确认信息提示。按了确认键后可立即使用驱动装置
软件限位开关——A5	以给定的方向（+或-）移到所显示轴（例如 A5）的软件限位开关	将显示的轴朝相反方向移动

第 3 章

KUKA 机器人编程基础

- ➤ 机器人的基本运动
- ➤ 机器人的零点标定
- ➤ 机器人上的负载
- ➤ 执行机器人程序
- ➤ 程序文件的使用
- ➤ 建立和更改程序

3.1 机器人的基本运动

3.1.1 与 KUKA 机器人运动相关的坐标系

KUKA 机器人的基本运动在坐标系下进行，与此同时，KUKA 机器人的编程和投入运行也在坐标系下进行。因此，坐标系在 KUKA 机器人的运行过程中具有重要意义。KUKA 机器人控制系统中定义的坐标系如图 3-1 所示。各坐标系具体说明见表 3-1。

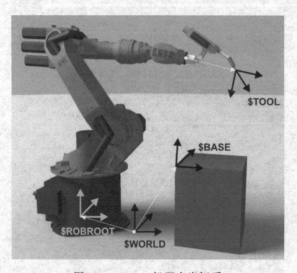

> WORLD: 世界坐标系
> ROBROOT: 机器人足部坐标系
> BASE: 基坐标系
> FLANGE: 法兰坐标系
> TOOL: 工具坐标系

图 3-1　KUKA 机器人坐标系

表 3-1　各坐标系具体说明

名　称	位　置	应　用	特　点
WORLD	可自由定义	ROBROOT 和 BASE 的原点	大多数情况下位于机器人足部
ROBROOT	固定于机器人足内	机器人的原点	说明机器人在世界坐标系中的位置
BASE	可自由定义	工件，工装	说明基坐标在世界坐标系中的位置
FLANGE	固定于机器人法兰上	TOOL 的原点	原点为机器人法兰中心
TOOL	可自由定义	工具	TOOL 坐标系的原点被称为"TCP"

3.1.2 KUKA 机器人在世界坐标系中的运动

KUKA 机器人常见的运动是在世界坐标系中的运动（图 3-2），法兰携带工具可以根据世界坐标系的坐标方向运动。在此过程中，机器人所有轴联合移动。使用移动键或者3D 鼠标进行手动操作。

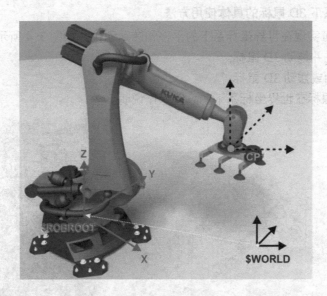

图 3-2　机器人在世界坐标系中的运动

1. 世界坐标系下机器人的运动方式

1）沿坐标系的坐标轴方向平移。

2）绕着坐标系的坐标轴方向转动。

3）用笛卡儿坐标（X、Y、Z、A、B、C）反映机器人的位置和运动状态，如图 3-3 所示。

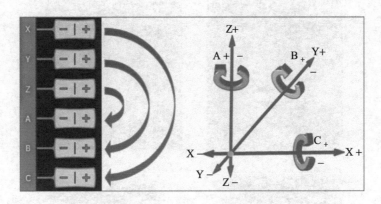

图 3-3　世界坐标系下的笛卡儿坐标

2. 世界坐标系下机器人运动的注意事项

1）在标准设置下，世界坐标系位于机器人底座中。

2）仅在 T1 运行模式下才能手动移动。

3. 使用世界坐标系的优点

1）机器人的动作始终可预测。

2）对于经过零点标定的机器人始终可用世界坐标系。

4. 世界坐标系下3D鼠标的具体使用方法

使用 3D 鼠标可实现在世界坐标系下的平移和转动动作，如图 3-4 所示。

1）平移：按住并拖动 3D 鼠标。

2）转动：转动或摆动 3D 鼠标。

图 3-5 为 3D 鼠标在世界坐标系下的具体操作说明。

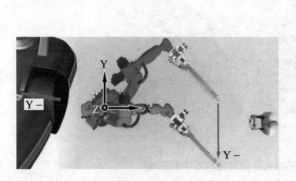

图 3-4

图 3-5

机器人运动可根据人-机器人的位置进行相应的调整，具体可通过移动滑动调节器①来设置，如图 3-6 所示。

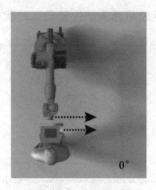

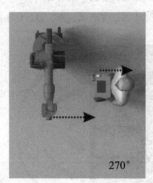

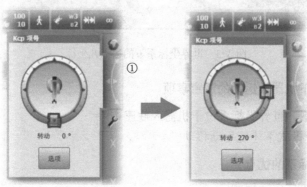

图 3-6

3.1.3 KUKA 机器人在工具坐标系中的运动

工具坐标系原点由当前所测的工具位置坐标而定，并非固定不变，并由机器人引导；工具坐标系的原点称为 TCP，并与工具的工作点相对应，如图 3-7 所示。

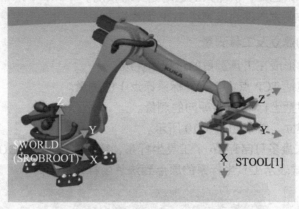

图 3-7

在工具坐标系中，可以以下自由度方向移动机器人（图 3-8）：

1）沿坐标系的坐标轴方向平移：X、Y、Z。

2）沿坐标系的坐标轴方向转动：角度 A、B 和 C。

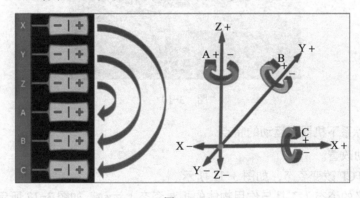

图 3-8

注意：未经测量的工具坐标系始终等于法兰坐标系，将工具坐标系从法兰转移到工具上，须通过测量，如图 3-9 所示。

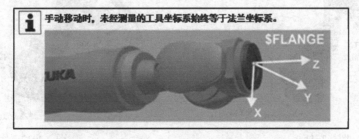

图 3-9

1. 工作坐标系下手动操作机器人的注意事项

机器人在工具坐标系下的手动运动也依靠移动键或 3D 鼠标完成。

2. 使用工具坐标系的优点

1）如果工具坐标系已知，机器人的运动始终可预测。

2）可以沿工具作业方向移动或者绕 TCP 调整姿态。

3. 工具坐标系的建立及工具测量

1）工具坐标系的形成在工具测量的过程中完成。

2）工具测量，包括 TCP 点（工具坐标系原点）的测量。

3）工具测量，包括坐标系姿态/朝向的测量。

4）工具坐标系建立，结果如图 3-10 所示。

5）KUKA 机器人最多可储存 16 个工具坐标系，变量文件名为 TOOL_DATA[1...16]，变量以笛卡儿坐标的形式表示工具坐标系的原点到法兰坐标系的距离。

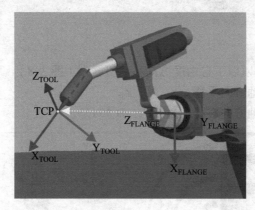

图 3-10

4. 工具坐标系下机器人运动的特点

1）手动移动改善。

2）可围绕 TCP 改变姿态，如图 3-11 所示。

3）保持定义的姿态（工具与作用物体的相对姿态）运动，如图 3-12 所示。

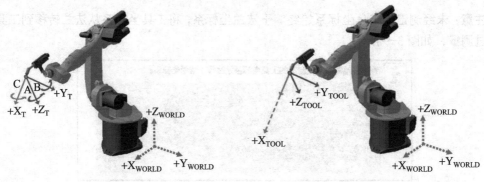

图 3-11   图 3-12

5. 运动程序改善

可使工具末端 TCP 沿着一定的运行轨迹运行，从而改善编程过程，如图 3-13 所示。

如图 3-14 所示，在设置好 TCP 的工具坐标系下，工具可以固定姿态完成工艺动作，避免因工具姿态改变干涉工艺过程。

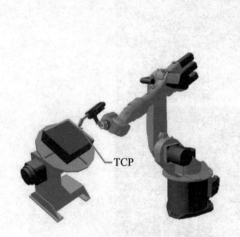

图 3-13

图 3-14

6. TCP 测量方法及工具坐标系的确定

TCP 测量方法及工具坐标系的确定见表 3-2。

表 3-2

步 骤	说 明
1	确定工具坐标系的原点，可选择以下方法： XYZ4 点法 XYZ 参照法
2	确定工具坐标系的姿态，可选择以下方法： ABC 世界坐标法 ABC2 点法
或者	直接输入至法兰中心点的距离值（X，Y，Z）和转角（A，B，C） 数字输入

（1）TCP 测量的 XYZ4 点法　将待测量工具的 TCP 从 4 个不同方向移动向一个参照点。XYZ4 点法的操作步骤：

1）选择菜单序列"投入运行" > "测量" > "工具" > "XYZ4 点"。

2）为待测量的工具给定一个号码和一个名称，如 TOOL_DATA1。

3）TCP 移至任意一个参照点。按下软键"测量"，对话框提示"是否应用当前位置？继续测量"，选择"是"加以确认。如图 3-15 中①所示。

4）用 TCP 从一个其他方向朝参照点移动。重新按下"测量"，选择"是"加以确认。如图 3-15 中②所示。

5）在图3-15③、④所示过程中将第4）步重复两次。

6）负载数据输入窗口自动打开。正确输入负载数据，然后按下"继续"。

7）包含测得的 TCP X、Y、Z 值的窗口自动打开，测量精度可在误差项中读取。数据可通过"保存"直接保存。

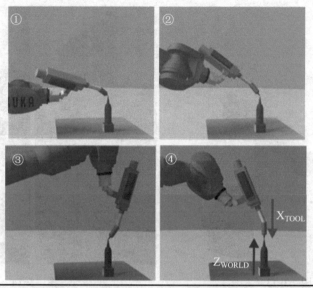

> 移至参照点的 4 个法兰位置，彼此必须间隔足够远，并且不得位于同一平面内。

图 3-15

（2）TCP 测量的 XYZ 参照法的操作步骤

1）前置条件，在连接法兰上装有一个已测量过的工具，并且 TCP 的数据已知。

2）在主菜单中选择"投入运行" > "测量" > "工具" > "XYZ 参照"，为新工具指定一个编号和一个名称。单击继续键确认。

3）输入已测量工具的 TCP 数据。单击继续键确认。

4）用 TCP 移至任意一个参照点。单击"测量"，单击继续键确认。如图 3-16 中①所示。

5）拆下原工具，装上新工具。

6）将新工具的 TCP 移至参照点。单击测量，单击继续键确认。如图 3-16②所示。

7）按保持键，数据被保存，窗口自动关闭。

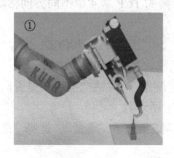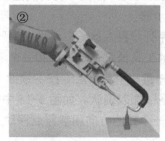

图 3-16

3.2　机器人的零点标定

KUKA 机器人只有在得到充分和正确标定零点时，它的使用效果才会最好。在标定零点的前提下，KUKA 机器人能达到最高的点精度和轨迹精度，继而能够精确地以编程设定的动作运动。

完整的零点标定过程须为每一个轴标定零点。通过技术辅助工具 EMD（Electronic Mastering Device，电子控制仪）可为任何一个在机械零点位置的轴指定一个基准值（例如 0°），这样就可以使轴的机械位置和电气位置保持一致。

KUKA 机器人在首次投入运行时须进行零点标定。此外，在对参与定位值感应测量的部件采取了维护措施之后或进行了机械修理之后机器人重新投入运行时也应检查零点标定，如有问题，重新标定各轴零点。零点标定过程如图 3-17 所示。

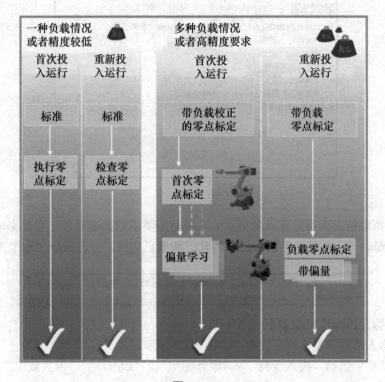

图　3-17

当机器人承受额外负载，如固定在法兰处的工具质量时，由于部件和齿轮箱上材料固有的弹性，承载前的机器人与承载后的机器人相比其位置上会因为较大的弹性变形而有所偏差。这些因为弹性变形引起的位置偏量将影响机器人运行的精度，所以在机器人首次投入运行时，法兰负载工具进行首次零点标定才是准确的。

如果机器人以各种不同负载工作，则必须对每个负载进行"偏量学习"。对于抓取沉重部件的抓爪来说，则必须对抓爪分别在不带部件和带部件时进行"偏量学习"，其原理在于以不带负载的首次零点标定为参照，机器人负载进行首次零点标定，从而计算与首次零点标定（无负载）的差值并储存。原理图如图 3-18 所示。差值储存文件如图 3-19 所示。

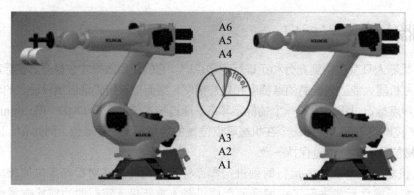

图　3-18

图　3-19

只有经带负载校正而标定零点的机器人才具有所要求的高精确度。因此必须针对每种负荷情况进行偏量学习。前提条件是：工具的几何测量已完成，并已分配了一个工具编号。

注意　只有当机器人没有负载时才可以执行首次零点标定。不得安装工具和附加负载。

首次零点标定的操作步骤如下：

1）将机器人移到预零点标定位置，如图 3-20 所示。

2）在主菜单中选择"投入运行" > "零点标定" > "EMD" > "带负载校正" > "首次零点标定"。

3）弹出一个窗口，所有待零点标定的轴都显示出来。编号最小的轴已被选定。

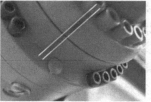

图　3-20

4）从窗口中选定的轴上取下测量筒的防护盖（翻转过来的 EMD 可用作螺钉旋具），将

EMD 拧到测量筒上，如图 3-21 所示。

图 3-21

5）将测量导线连到 EMD 上，然后连接到机器人接线盒的接口 X32 上，如图 3-22 所示。

图 3-22

6）单击"零点标定"，将确认开关按至中间档位并按住，然后按下的同时按住启动键，如图 3-23 所示。

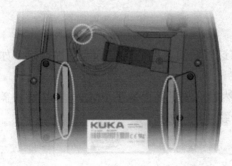

图 3-23

7）将测量导线从 EMD 上取下。然后从测量筒上取下 EMD，并将防护盖重新装好。

8）对所有待零点标定的轴重复步骤 2）～5）。

9）关闭窗口，将测量导线从接口 X32 上取下。

"偏量学习"的具体操作步骤如下：

1）将机器人置于预零点标定位置。

2）在主菜单中选择"投入运行" > "零点标定" > "EMD" > "带负载校正" > "偏量学习"。

3）输入工具编号。用工具"OK"确认。随即弹出一个窗口，所有工具尚未学习的轴都显示出来。编号最小的轴已被选定。

4）从窗口中选定的轴上取下测量筒的防护盖。将EMD拧到测量筒上。然后将测量导线连到EMD上，并连接到底座接线盒的接口X32上。

5）按"学习"键。

6）按确认开关和启动键。

7）当EMD识别到测量切口的最低点时，则已达零点标定位置。机器人自动停止运行。随即打开一个窗口。该轴上与首次零点标定的偏差以增量和度数的形式显示出来。

8）单击"OK"键，该轴在窗口中消失。

9）将测量导线从EMD上取下。然后从测量筒上取下EMD，并将防护盖重新装好。

10）对所有待零点标定的轴重复步骤3）～7）。

11）将测量导线从接口X32上取下，单击"关闭"按钮，关闭窗口。

带偏量的负载零点标定检查/设置的具体操作步骤如下（换工具或机器人维修和修理完毕时重新标定时操作）：

1）将机器人移到预零点标定位置。

2）在主菜单中选择"投入运行">"零点标定">"EMD">"带负载校正">"负载零点标定">"带偏量"。

3）输入工具编号，用工具"OK"确认。

4）取下接口X32上的盖子，然后将测量导线接上。

5）从窗口中选定的轴上取下测量筒的防护盖（翻转过来的EMD可用作螺钉旋具）。

6）将EMD拧到测量筒上。

7）将测量导线接到EMD上。在此过程中，将插头的红点对准EMD内的槽口。

8）按"检查"键。

9）按住确认开关并按下启动键。

10）需要时，使用"保持"来储存这些数值。旧的零点标定值被删除。如果要恢复丢失的首次零点标定，必须保持这些数值。

11）将测量导线从EMD上取下。然后从测量筒上取下EMD，并将防护盖重新装好。

12）对所有待零点标定的轴重复步骤4）～10）。

13）关闭窗口。

14）将测量导线从接口X32上取下。

3.3　机器人上的负载

3.3.1　工具负载数据

工具负载数据是指所有装在机器人法兰上的负载，如图3-24所示。它是另外装在机器人上并由机器人一起移动的质量。需要输入的值有质量、质心位置（质量重力作用的点）、质量转动惯量以及所属的主惯性轴。负载数据必须输入机器人控制系统，并分配给正确的工具。

① 工具负载
② 轴 3 附加负载
③ 轴 2 附加负载
④ 轴 1 附加负载

图　3-24

工具负载数据的可能来源有：KUKA.LoadDetect 软件选项（仅用于负载）、生产厂商数据、人工计算、CAD 程序。

输入的负载数据会影响许多控制过程，包括：控制算法（计算加速度）、速度和加速度监控、力矩监控、碰撞监控、能量监控。

工具负载数据输入步骤如下：

1）选择主菜单"投入运行" > "测量" > "工具" > "工具负载数据"。

2）在工具编号栏中输入工具的编号。

3）单击继续键，输入负载数据：

　　M 栏：质量；

　　X、Y、Z 栏：相对于法兰的质心位置；

　　A、B、C 栏：主惯性轴相对于法兰的取向；

　　JX、JY、JZ 栏：惯性矩。

4）单击继续键，按下保存键。

3.3.2　机器人上的附加负载

附加负载是在基座、小臂或大臂上附加安装的部件（图 3-25），例如供能系统、阀门、上料系统、材料储备。

机器人正常运行前，附加负载数据必须输入机器人控制系统。必要的数据包括：

1）质量（m）。

2）物体重心至参照系（X、Y、Z）的距离。

3）主惯性轴与参照系（A、B、C）的夹角。

4）物体绕惯性轴的转动惯量。

每个附加负载的 X、Y、Z 值的参照系见表 3-3。

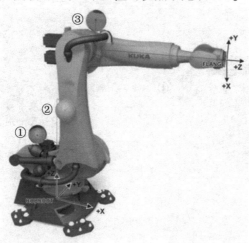

① 轴 1 附加负载 A1
② 轴 2 附加负载 A2
③ 轴 3 附加负载 A3

图　3-25

表　3-3

负　　载	参　照　系
附加负载 A1	ROBROOT 坐标系 A1=0°
附加负载 A2	ROBROOT 坐标系 A2=-90°
附加负载 A3	法兰坐标系 A4=0°，A5=0°，A6=0°

附加负载数据的可能来源有生产厂商数据、人工计算、CAD 程序。

负荷数据以不同的方式对机器人运动发生影响：

1）轨迹规划。

2）加速度。

3）节拍时间。

4）磨损。

> ⚠ **警告**　如果用错误的负载数据或不适当的负载来运行机器人，则会导致人员受伤和生命危险并/或导致严重财产损失。

附加负载数据的输入操作步骤：

1）选择主菜单"投入运行" > "测量" > "附加负载数据"。

2）输入其上将固定附加负荷的轴编号。

3）单击继续键，输入负荷数据。

4）单击继续键，按下保存键。

3.3.3 测量基坐标

基坐标测量（图 3-26）是根据世界坐标系在机器人周围的某一个位置上创建坐标系。其目的是使机器人的运动以及编程设定的位置均以该坐标系为参照。因此，设定的工件支座和抽屉的边缘、货盘或机器的外缘均可作为基准坐标系中合理的参照点。

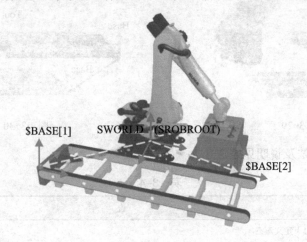

图 3-26

基坐标测量分为两个步骤：

1）确定坐标原点。

2）定义坐标方向。

测量基坐标后有以下便利：

1）可以沿着工作面或工件的边缘手动移动 TCP，借此使工具能严格按照其边缘进行工艺路径的编辑，如图 3-27 所示。

2）示教的点可以以所选的坐标系为参照，如图 3-28 所示。

3）在第 2）条便利的基础上，只需参照基坐标对点进行示教，即使在坐标系修正或推移使工作面产生移动，也无须重新示教。如图 3-29 所示。

4）在第 3）条便利的基础上，机器人编辑系统最多可建立 32 个不同的坐标系，方便其根据程序流程完成流水线动作。如图 3-30 所示。

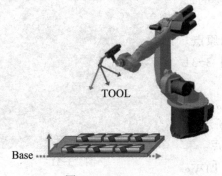

图 3-27

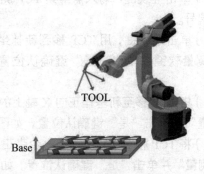

图 3-28

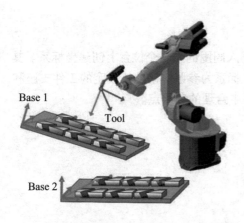

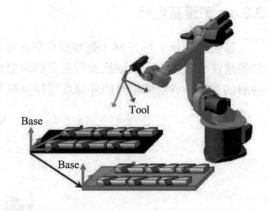

图 3-29   图 3-30

基坐标测量的方法及说明见表3-4。

表 3-4

方　法	说　明
3点法	1）定义原点
	2）定义X轴正方向
	3）定义Y轴正方向（XY平面）
间接法	当无法移至基坐标原点，例如由于该点位于工件内部，或位于机器人工作空间之外时，须采用间接法
	此时须移至基坐标的4个点，其坐标值必须已知（CAD数据）。机器人控制系统根据这些点计算基坐标
数字输入	直接输入至世界坐标系的距离值（X，Y，Z）和转角（A，B，C）

> **注意**　基坐标测量只能用一个事先已测定的工具进行（TCP必须为已知的）。

3点法测量基坐标的步骤如下：

1）在smartPAD主菜单中选择"投入运行" > "测量" > "基坐标系" > "3点"。

2）为基坐标分配一个号码和一个名称。

3）单击继续键，输入需用其TCP测量基坐标的工具的编号。

4）单击继续键，用TCP移到新基坐标系的原点。单击测量软键并单击"是"键确认位置，如图3-31所示。

5）将TCP移至新基座正向X轴上的一个点。单击"测量"并单击"是"键确认位置，如图3-32所示。

6）将TCP移至XY平面上一个带正Y值的点。单击"测量"并单击"是"键确认位置。如图3-33所示。

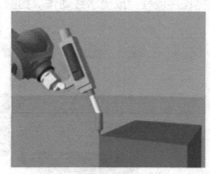

图 3-31

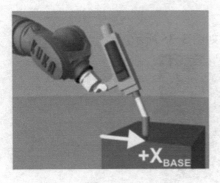

图 3-32

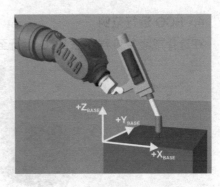

图 3-33

7）按下保存键，关闭菜单。

注意： 在 3 点法测量基坐标过程中，3 个测量点不允许位于一条直线上，3 点间必须有不小于 2.5°的夹角。

3.4 执行机器人程序

3.4.1 执行初始化运行

1. BCO 的运行

KUKA 机器人的初始化运行称为 BCO 运行。机器人在下列情况下要进行 BCO 运行：

1）选择程序（图 3-34①）。

2）程序复位（图 3-34①）。

3）程序执行时手动移动（图 3-34①）。

4）更改程序（图 3-34②）。

5）语句行选择（图 3-34③）。

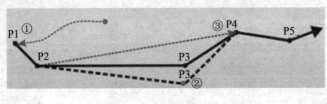

图 3-34

2. BCO 运行执行举例

1）选定程序或程序复位后 BCO 运行至初始位置。

2）更改运行指令后执行 BCO 运行重新示教的点。

3）进行语句行选择后执行 BCO 运行。

3. BCO 运行的必要性

为了使当前的机器人位置与机器人程序中的当前点位置保持一致，必须执行 BCO 运行。

仅在当前的机器人位置与编程设定的位置相同时才可进行轨迹规划。因此，必须首先将 TCP 置于轨迹上。

4. BCO 运行范例

在选择或者复位程序后 BCO 运行至 Home 位置，如图 3-35 所示。

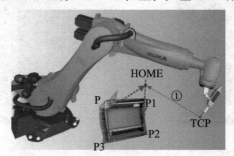

图 3-35

3.4.2 选择和启动机器人程序

要执行一个机器人程序，则应先将其选中。在导航器中的用户界面上有供选择的机器人程序。通常，在文件夹中创建移动程序。Cell 程序（由 PLC 控制机器人的管理程序）始终在文件夹 "R1" 中。

选择和启动机器人程序的操作如下（界面如图 3-36 所示）：

1）在文件夹/硬盘结构导航器中双击 "Program" 文件夹。

2）在展开的文件夹/数据列表导航器中选中 "Main" 文件。

3）按 "选定" 按键打开 Main 文件。

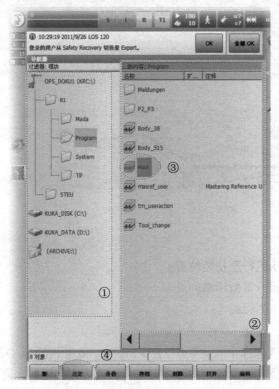

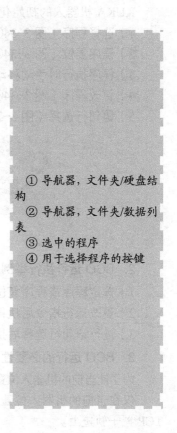

① 导航器，文件夹/硬盘结构
② 导航器，文件夹/数据列表
③ 选中的程序
④ 用于选择程序的按键

图 3-36

1. 程序运行键

对于程序启动，有启动正向运行程序按键 ▶ 和启动反向运行程序按键 ◀ 供选择，如图 3-37 所示。

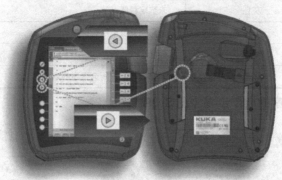

图 3-37

2. 程序运行的三种方式（表 3-5）

表 3-5

方　式	说　明
🚶	GO（程序连续运行） 1）程序连续运行，直至程序结尾 2）在测试运行中必须按住启动键
🚶	MSTEP 1）在运动步进运行方式下，每个运动指令都是单个执行 2）每一个运动结束后，都必须重新按下启动键
🚶	ISTEP（用户组"专家"才能使用） 1）在增量步进时，逐行执行（与行中的内容无关） 2）每行执行后，都必须重新按下启动键

3. KUKA 机器人程序结构

如图 3-38 所示，一个完整的 KUKA 程序的基本结构分为程序名定义、程序初始化、程序主体、程序结束四个部分。

```
1   DEF   kuka_rock(  )                                    ①

2   INI                                                    ②

3   PTP   HOME   Vel=100% DEFAULT                          ③
4   PTP   P1   Vel=100% PDAT1 Tool[1] BASE[0]
5   PTP   P2   Vel=100% PDAT2 Tool[1] BASE[0]
6   PTP   P3   Vel=100% PDAT3 Tool[1] BASE[0]
7   OUT   1 ' ' State= TRUE CONT
8   LIN P4 Vel=2m/s CPDAT1 Tool[1] Base[0]
9   PTP HOME Vel=100% DEFAULT

10 END                                                     ①
```

①"DEF 程序名（）"出现在程序头，"END"表示程序结束

②"INI"行包含程序正确运行所需标准参数的调用。"INI"行必须最先运行。自带程序文本

③行驶指令"PTP Home"常用于程序开头和结尾，以便机器人工具处于已知安全位置

图 3-38　KUKA 机器人程序结构

程序状态显示说明见表 3-6。

表 3-6

图 标	颜 色	说 明
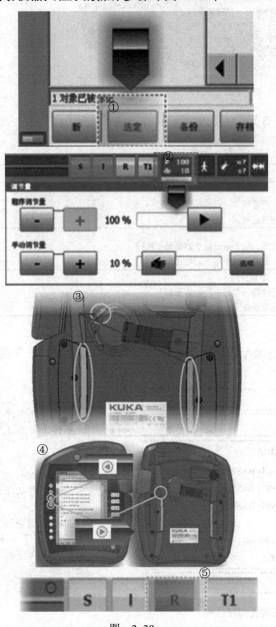	灰色	未选定程序
	黄色	语句指针位于所选程序的首行
	绿色	程序正在运行
	黑色	语句指针位于所选程序的末端

4. 启动机器人程序的操作步骤（图 3-39）

① 选择程序

② 设定程序速度

③ 按确定键（使能键）

④ 按下启动键（+）并按住，INI 行得到处理，机器人执行 BCO 运行

⑤ 到达目标位置后运动停止

图 3-39

3.5 程序文件的使用

3.5.1 创建程序模块

编程模块应始终保存在文件夹"Program"（程序）中。也可建立新的文件夹并将程序模块存放在那里。模块图标用字母"M"标示。一个模块中可以加入注释。此类注释中可含有程序的简短功能说明，如图 3-40 所示。

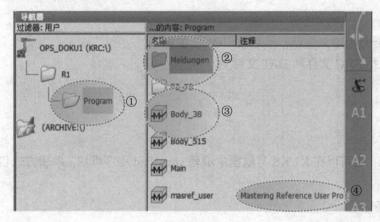
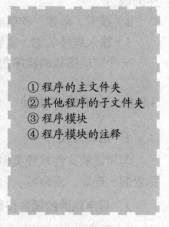

① 程序的主文件夹
② 其他程序的子文件夹
③ 程序模块
④ 程序模块的注释

图　3-40

程序模块由源代码（SRC）和数据列表（DAT）两部分组成，如图 3-41 所示。

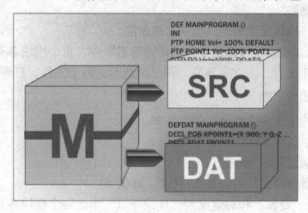

图　3-41

源代码：SRC 文件中含有程序源代码，如图 3-42 所示。

```
DEF MAINPROGRAM ()
INI
PTP HOME Vel= 100% DEFAULT
PTP POINT1 Vel=100% PDAT1 TOOL[1] BASE[2]
PTP P2 Vel=100% PDAT2 TOOL[1] BASE[2]
...
END
```

图　3-42

数据列表：DAT 文件中含有固定数据和点坐标，如图 3-43 所示。

```
DEFDAT MAINPROGRAM ()
DECL E6POS XPOINT1={X 900, Y 0, Z 800, A 0, B 0, C 0, S 6, T 27, E1
0, E2 0, E3 0, E4 0, E5 0, E6 0}
DECL FDAT FPOINT1 …
…
ENDDAT
```

图 3-43

创建程序模块的操作步骤:

1）在目录结构中选定要在其中建立程序的文件夹，例如文件夹程序，然后切换到文件列表。

2）按下"新建"软键。

3）输入程序名称，需要时再输入注释，然后按"OK"键确认。

一个完成编辑的程序包括 SRC 文件和 DAT 文件。

3.5.2　编辑程序模块

1. 编辑方式

与常见的文件系统类似，也可以在 KUKS 导航器中编辑 smartPad 程序模块。编辑方式包括复制、删除、重命名。

2. 程序删除的操作步骤

1）在文件夹结构中选中文件所在的文件夹。

2）在文件列表中选中文件。

3）选择软键"删除"。

4）单击"是"，确认安全询问。模块即被删除。

注意： 在用户组"专家"和筛选设置"详细信息"中，每个模块各有两个文件映射在导航器中（SRC 和 DAT 文件）。如果属实，则必须删除这两个文件。已删除的文件无法恢复。

3. 程序改名的操作步骤

1）在文件夹结构中选中文件所在的文件夹。

2）在文件列表中选中文件。

3）选择软键"编辑" > "改名"。

4）用新的名称覆盖原文件名，单击"OK"键确认。

注意： 在用户组"专家"和筛选设置"详细信息"中，每个模块各有两个文件映射在导航器中（SRC 和 DAT 文件）。如果属实，则必须给这两个文件改名！

4. 程序复制的操作步骤

1）在文件夹结构中选中文件所在的文件夹。

2）在文件列表中选中文件。

3）选择软键"复制"。

4）给新模块输入一个新文件名，单击"OK"键确认。

注意： 在用户组"专家"和筛选设置"详细信息"中，每个模块各有两个文件映射在导航器中（SRC 和 DAT 文件）。如果属实，则必须复制这两个文件！

3.5.3　存档和还原机器人程序

1. 存档途径

在每个存档过程中均会在相应的目标媒质上生成一个 ZIP 文件，该文件与机器人同名。在机器人数据下可个别改变文件名。

（1）存储位置　有三个不同的存储位置可供选择：

1）USB（KCP）｜smartPad 上的 U 盘。

2）USB（控制柜）｜机器人控制柜上的 U 盘。

3）网络｜在网络路径上存档（所需的网络路径必须在机器人数据下配置）。

注意： 在每个存档过程中，除了将生成的 ZIP 文件保存在所选的存储媒质上之外，还在驱动器 D：\上存储一个存档文件（INTERN.ZIP）。

（2）数据　可选择以下数据存档：

1）全部：将还原当前系统所需的数据存档。

2）应用：所有用户自定义的 KRL 模块（程序）和相应的系统文件均被存档。

3）机器参数：将机器参数存档。

4）Log 数据：将 Log 文件存档。

5）KrcDiag：将数据存档，以便将其提供给库卡机器人有限公司进行故障分析。在此将生成一个文件夹（名为 KRCDiag），其中可写入 10 个 ZIP 文件。除此之外还另外在控制器中将存档文件存放在 C：\KUKA\KRCDiag 下。

2. 存档操作步骤

1）选择菜单序列"文件"＞"存档"＞"USB（KCP）"或者"USB（控制柜）"以及所需的选项。

2）单击"是"，确认安全询问。

当存档过程结束时，程序已存档信息将在信息窗口中显示出来。

3）当 U 盘上的 LED 指示灯熄灭之后，可将其取下。

注意： 仅允许使用 KUKA.USBData U 盘。如果使用其他 U 盘，则可能造成数据丢失或数据被更改！

3. 还原机器人程序的操作步骤

1）打开菜单序列"文件"＞"还原"，然后选择所需的子项。

2）单击"是"，确认安全询问。已存档的文件在机器人控制系统里重新恢复。当恢复过程结束时，屏幕出现相关的消息。

3）如果已从 U 盘完成还原：拔出 U 盘。

注意： 如果正从 U 盘执行还原，只有当 U 盘上的 LED 熄灭后方可拔出 U 盘，否则会导致 U 盘受损。

4）重新启动机器人控制系统。

3.5.4　通过运行日志了解程序和状态变更

用户在 smartPAD 上的操作过程会被自动记录下来，可通过运行日志指令查看记录。运行日志窗口如图 3-44 所示。

① 日志事件的类型
② 日志事件的编号
③ 日志事件的日期和时间
④ 日志事件的简要说明
⑤ 所选日志事件的详细说明
⑥ 显示有效的筛选器

图 3-44

运行日志的功能操作

1. 显示运行日志

在主菜单中选择"诊断">"运行日志">"显示"。

2. 配置运行日志

1）在主菜单中选择"诊断">"运行日志">"配置"。

2）分别设置：添加/删除筛选类型，添加/删除筛选级别。如图 3-45 所示。

3）按下"OK"键保存配置，关闭窗口。

3.6 建立和更改程序

3.6.1 创建新的运动指令

一般情况下，对机器人所要通过的所有空间里的点进行逐个示教，并用轨迹运动方式命令（直线 LIN 或圆弧 CIRC）将示教点连接起来，从而创建一个新的运动指令。如图 3-46 所示。

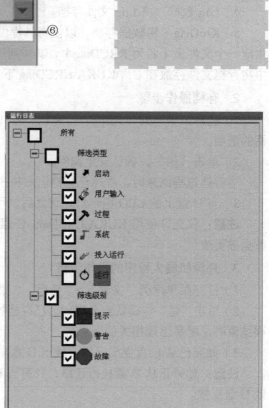

图 3-45

机器人的运动指令应包含必要的轨迹运行命令指令，根据具体的工艺过程，包括轨迹运行指令（从一个示教点到下一个示教点的具体工艺运行方式）及数据（工艺速度和加速度等），其中常用运动命令见表 3-7。

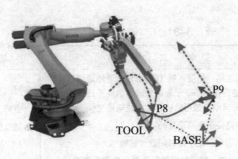

对 KUKA 机器人进行示教编程

图　3-46

表　3-7

说　　明	运 动 命 令
工具在空间中的相应位置会被保存（工具坐标和基坐标）	POS
通过指定运动方式：点到点（随机路径等），直线或者圆形	PTP
	LIN
	CIRC
两点之间的速度和加速度可通过编程设定	Vel.
	Acc.
为了缩短节拍时间，点也可以轨迹逼近，但这样就不会精确暂停	CONT
可针对每个运动对姿态引导进行单独设置	ORI_TYPE
机器人只会"坚定不移"地沿编程设定的轨迹运动。程序员要负责保证移动时不会发生碰撞。机器人具有较"笨拙"的"碰撞监控"方式	碰撞监控

用示教方式对机器人运动进行编程时必须对运动是否逼近示教点、运动速度等参数进行设置，如图 3-47 所示。

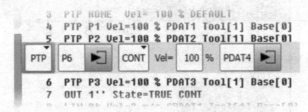

图　3-47

KUKA 机器人有不同的运动指令供编程使用。可根据对机器人工作流程的要求来进行运动编程。

1）按轴坐标的运动：PTP，Point-To-Point，即点到点。

2）沿轨迹的运动：LIN（线性）和 CIRC（圆周形）。

3）SPLINE：样条是一种尤其适用于复杂曲线轨迹的运动方式。这种轨迹原则上也可以通过 LIN 运动和 CIRC 运动生成，但是样条更有优势。

3.6.2 创建优化节拍时间的运动

PTP 说明及应用举例见表 3-8。

表 3-8

运 动 方 式	含 义	应 用 举 例
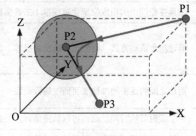 P1 PTP P2	1）按轴坐标的运动：机器人将 TCP 沿最快速轨迹送到目标点。最快速的轨迹通常并不是最短的轨迹，因而不是直线。由于机器人轴的旋转运动，弧形轨迹会比直线轨迹更快 2）运动的具体路径是不可预见的 3）导向轴是达到目标点所需时间最长的轴 4）SYNCHRO PTP：所有轴同时起动并且也同步停下 5）程序中的第一个运动必须为 PTP 运动，因为只有在此运动中才评估状态和转向	点焊、运输、测量辅助位置： 1）位于中间的点 2）空间中的自由点

1. 轨迹逼近

为了加速运动过程，控制器可以 CONT 标示的运动指令进行轨迹逼近。轨迹逼近意味着将不精确移动到目标点坐标，提前离开精确保持轮廓的轨迹。TCP 被导引沿着图 3-48 所示粗线轨迹运行。

轨迹逼近的作用（图 3-49）：

1）减少磨损。

2）工艺需要。

3）降低节拍时间。

图 3-48

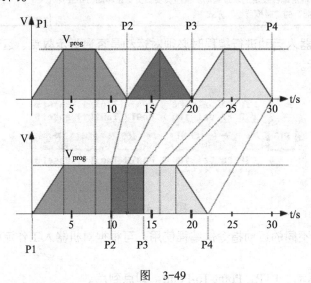

图 3-49

为了能执行轨迹逼近运动，控制器必须能够读入运动语句。通过计算机预进读入。运动方式 PTP 中的轨迹逼近见表 3-9。

表 3-9

运动方式	特征	轨迹逼近距离
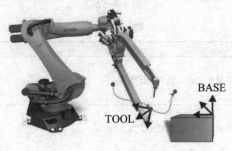	轨迹逼近不可预见	以%表示

2. 创建 PTP 运动的操作

（1）前提条件　已设置运行方式 T1，机器人程序已选定。

（2）操作步骤

1）TCP 依序移向被示教为目标点的位置，如图 3-50 所示。

图　3-50

2）将光标置于其后应添加运动指令的那一行中。

3）选择菜单序列"指令" > "运动" > "PTP"。

4）在编辑好的行中按下软键"运动"，则出现联机表格，如图 3-51 所示。

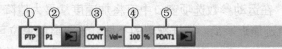

图　3-51

5）在联机表格中输入参数，其说明见表 3-10。

表　3-10

序　号	说　明
1	运动方式 PTP、LIN 或者 CIRC
2	目标点的名称自动分配，但可予以单独覆盖 触摸箭头以编辑点数据，然后选项窗口 Frames 自动打开 对于 CIRC，必须为目标点额外示教一个辅助点。移向辅助点位置，然后按"Touchup HP"
3	CONT：目标点被轨迹逼近 [空白]：将精确地移至目标点
4	速度： 1）PTP 运动：1%～100% 2）沿轨迹的运动 0.001～2m/s
5	运动数据组： 1）加速度 2）轨迹逼近距离（如果在③中输入了 CONT） 3）姿态引导（仅限于沿轨迹的运动）

6）如图 3-52 所示，在选项窗口 Frames 中输入工具和基坐标系的正确数据，以及关于插补模式的数据（外部 TCP：开/关）和碰撞监控的数据。其说明见表 3-11。

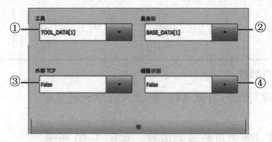

图 3-52

表 3-11

序 号	说 明
1	选择工具 如果外部 TCP 栏中显示 True：选择固定工具 值域：[1]～[16]
2	选择基坐标 如果外部 TCP 栏中显示 True：选择固定工具 值域：[1]～[32]
3	插补模式 False：该工具已安装在连接法兰上 True：该工具为固定工具
4	True：机器人控制系统为此运动计算轴的转矩。此值用于碰撞识别。 False：机器人控制系统为此运动不计算轴的转矩。对此运动无法进行碰撞识别。

7）如图 3-53 所示，在运动参数选项窗口中可将加速度从最大值降下来。如果已经激活轨迹逼近，则也可更改轨迹逼近距离。根据配置的不同，该距离的单位可以设置为 mm 或%。其参数说明见表 3-12。

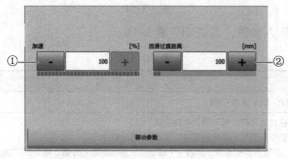

图 3-53

表 3-12

序 号	说 明
1	加速度：以机器数据中给出的最大值为基准。此最大值与机器人类型和所设定的运动方式有关。该加速度适用于该运动语句的主要轴。 范围：1%～100%
2	离目标点的距离，即最早开始轨迹逼近的距离（只有在联机表格中选择了 CONT 之后，此栏才显示） 最大距离：从起点到目标点之间的一半距离，以无轨迹逼近 PTP 运动的运动轨迹为基准。 范围：1%～100%，1～1000mm

8）单击"OK"键存储指令，TCP 的当前位置被作为目标示教。如图 3-54 所示。

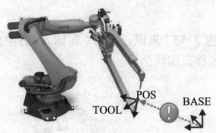

图 3-54

3.6.3 创建沿轨迹的运动

LIN 和 CIRC 含义及应用示例见表 3-13。

表 3-13

运动方式	含 义	应用示例
P1 LIN P2	*Linear*：直线 1）直线型轨迹运动 2）工具的 TCP 按设定的姿态从起点匀速移动到目标点 3）速度和姿态均以 TCP 为参照点	轨迹焊接，贴装，激光焊接/切割
P1 CIRC P3 P2	*Circular*：圆形 1）圆形轨迹运动是通过起点、辅助点和目标点定义的 2）工具的 TCP 按设定的姿态从起点匀速移动到目标点 3）速度和姿态均以 TCP 为参照点	轨迹应用与 LIN 相同

1. 奇点位置

有着 6 个自由度的 KUKA 机器人具有 3 个不同的奇点位置。

当即使在给定状态和步骤顺序的情况下，也无法通过逆向运算（将笛卡儿坐标转换成轴坐标值）得出唯一数值时，即可认为是一个奇点位置。或者当最小的笛卡儿坐标变化也能导致非常大的轴角度变化时，即为奇点位置。奇点不是机械特性，而是数学特性，因此奇点只存在于轨迹运动范围内，而在轴运动时不存在。

2. 顶置奇点 α1

在顶置奇点 α1 位置（图 3-55）时，腕点（即轴 A5 的中点）垂直于机器人的轴 A1。

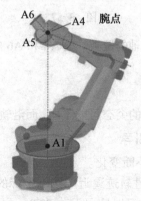

图 3-55

轴 A1 的位置不能通过逆向运算进行明确确定，可以赋以任意值。

3. 延展位置奇点 α2

对于延伸位置奇点 α2（图 3-56）来说，腕点（即轴 A5 的中点）位于机器人轴 A2 和 A3 的延长线上。机器人处于其工作范围的边缘。

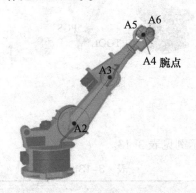

图　3-56

通过逆向运算将得出唯一的轴角度，但较小的笛卡儿速度变化将导致轴 A2 和 A3 较大的轴速变化。

4. 手轴奇点 α5

对于手轴奇点 α5（图 3-57）来说，轴 A4 和 A6 彼此平行，并且轴 A5 处于±0.01812°的范围内。

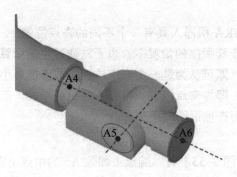

图　3-57

通过逆向运算无法明确确定两轴的位置。轴 A4 和 A6 的位置可以有任意多的可能性，但其轴角度总和均相同。

5. 沿轨迹运动时的姿态引导

工具在运动起始点和目标点处的姿态可能不同，而沿轨迹运动时可以准确定义姿态引导。

6. 在运动方式 LIN 下的姿态引导

1）工具的姿态在运动过程中不断变化。

2）因为是通过手轴角度的线性轨迹逼近（按轴坐标的移动）进行姿态变化，所以在机器人以标准方式到达手轴奇点时就可以使用手动 PTP，如图 3-58 所示。

3）工具的姿态在运动期间保持不变（与在起点所示教的一样），在终点示教的姿态被忽略。如图 3-59 所示。

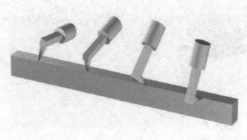
图　3-58

图　3-59

7. 在运动方式 CIRC 下的姿态引导

1）工具的姿态在运动过程中不断变化。

2）因为是通过手轴角度的线性轨迹逼近（按轴坐标的移动）进行姿态变化，所以在机器人以标准方式到达手轴奇点时就可以使用手动 PTP，如图 3-60 所示。

工具的姿态在运动期间保持不变（与在起点所示教的一样），在终点示教的姿态被忽略。如图 3-61 所示。

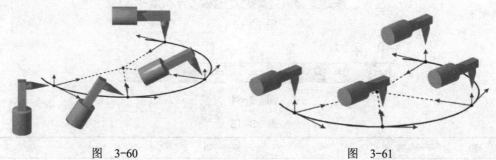

图　3-60　　　　　　　　　　　　　　　图　3-61

8. 在 LIN 和 CIRC 下轨迹运动的轨迹逼近

注意： 轨迹逼近功能不适用于生成圆周运动，它仅用于防止在某点出现精确暂定。

LIN 和 CIRC 轨迹特征见表 3-14。

表　3-14

运 动 方 式	特　征	轨迹逼近距离
P1　　P3　LIN　P2 CONT	轨迹相当于抛物线	在 CONT 栏填写所需数字
P1 CIRC　P3 CONT　P2	轨迹相当于抛物线	在 CONT 栏填写所需数字

9. 创建 LIN 和 CIRC 运动的操作

（1）前提条件　已设置运行方式 T1，机器人程序已选定。

（2）操作步骤

1）将 TCP 移向应被示教为目标点的位置，如图 3-62 所示。

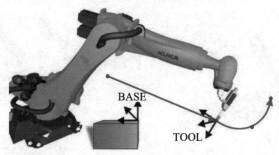

图 3-62

2）将光标置于其后应添加运动指令的那一行中。

3）选择菜单序列"指令">"运动">"LIN"或者"CIRC"。

作为选项，也可在相应行中按下软键"运动"，则弹出联机表格，如图 3-63 和图 3-64 所示。
联机表格各参数栏说明见表 3-15。

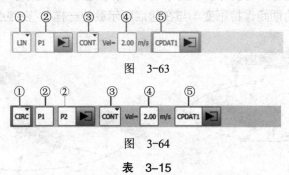

图 3-63

图 3-64

表 3-15

序　　号	说　　明
1	运动方式 PTP、LIN 或者 CIRC
2	目标点的名称自动分配，但可予以单独覆盖 触摸箭头以编辑点数据，然后选项窗口 Frames 自动打开 对于 CIRC，必须至少为目标点额外示教一个辅助点。移向辅助点位置，然后按"Touchup HP"。辅助点中的工具姿态无关紧要。
3	CONT：目标点被轨迹逼近 [空白]：将精确地移至目标点
4	速度： 1）PTP 运动：1%～100% 2）沿轨迹的运动：0.001～2m/s
5	运动数据组： 1）加速度 2）轨迹逼近距离（如果在③中输入了 CONT） 3）姿态引导（仅限于沿轨迹的运动）

4）在联机表格中输入参数。

5）如图 3-65 所示，在选项窗口 Frames 中输入工具和基坐标系的正确数据，以及关于插补模式的数据（外部 TCP：开/关）和碰撞监控的数据。其参数说明见表 3-16。

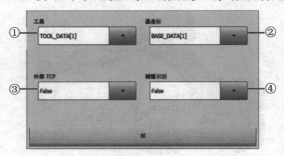

图 3-65

表 3-16

序　号	说　　明
1	选择工具 如果外部 TCP 栏中显示 True：选择工具 值域：[1]～[16]
2	选择基坐标。 如果外部 TCP 栏中显示 True：选择固定工具 值域：[1]～[32]
3	插补模式 False：该工具已安装在连接法兰上 True：该工具为固定工具
4	True：机器人控制系统为此运动计算轴的转矩。此值用于碰撞识别 False：机器人控制系统为此运动不计算轴的转矩。对此运动无法进行碰撞识别

6）如图 3-66 所示，在运动参数选项窗口中可将加速度从最大值降下来。如果轨迹逼近已激活，则可更改轨迹逼近距离。此外也可修改姿态引导。其参数说明见表 3-17。

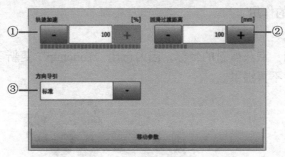

图 3-66

表 3-17

序　号	说　　明
1	加速度：以机器数据中给出的最大值为基准。此最大值与机器人类型和所设定的运动方式有关。
2	至目标点的距离，最早在此处开始轨迹逼近 此距离最大可为起始点至目标点距离的一半。如果在此处输入了一个更大数值，则此值将被忽略而采用最大值。 只有在联机表格中选择了 CONT 之后，此栏才显示。
3	选择姿态引导，有标准、手动 PTP、稳定的姿态引导

7）单击"OK"键，存储指令，TCP 的当前位置被作为目标示教。如图 3-67 所示。

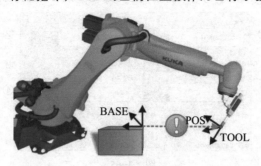

图 3-67

3.6.4 更改运动指令

1. 更改运动指令的原因（表 3-18）

表 3-18

典 型 原 因	待执行的更改
1）待抓取工件的位置发生变化	
2）加工时五个孔中的一个孔位置发生变化	位置数据的更改
3）焊条必须截短	
货盘位置发生变化	更改帧数据：基坐标系和/或工具坐标系
意外使用了错误基坐标系对某个位置进行了示教	更改帧数据：带位置更新的基坐标系和/或工具坐标系
加工速度太慢：节拍时间必须改善	1）更改运动数据：速度、加速度 2）更改运动方式

2. 更改运动指令的作用

1）更改位置数据。

只更改点的数据组：点获得新的坐标，因为已用"Touchup"更新了数值（图 3-68）。旧的点坐标被覆盖，并且不再提供。

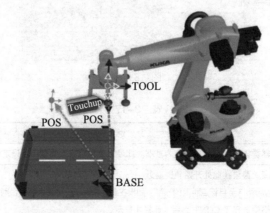

图 3-68

2）更改帧数据。

① 更改帧数据（例如工具、基坐标）时，会导致位置发生位移，例如矢量位移。

② 机器人位置会发生变化。旧的点坐标依然会被保存并有效。发生变化的仅是参照系（如基坐标）。

③ 可能会出现超出工作区的情况。因此可能不能达到某些机器人位置。

④ 如果机器人位置保持不变，但帧参数改变，则必须在更改参数（如基坐标）后在所要的位置上用"Touchup"更新坐标，如图 3-69 所示。

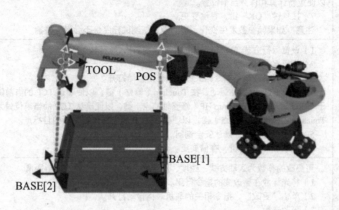

图　3-69

3）更改运动数据。更改速度或者加速度时会改变移动属性。这可能会影响加工工艺，特别是使用轨迹应用程序时，如胶条厚度、焊缝质量。

4）更改运动方式。更改运动方式时，可能会导致碰撞，发生意外，引起轨迹规划更改，如图 3-70 所示。

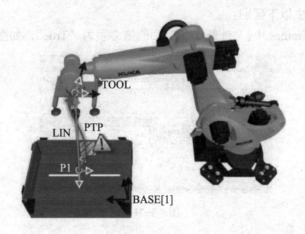

图　3-70

⚠ 警告　每次更改完运动指令后都必须在低速（运动方式 T1）下测试机器人程序。

立即以高速启动机器人程序可能会导致机器人系统和整套设备损坏，因为可能会出现不可预料的运动。如果有人位于危险区域，则可能会造成重伤。

3. 更改运动的相关操作（表 3-19）

表　3-19

更改运动参数"帧"	1）将光标放在需改变的指令行里 2）单击"更改"，指令相关的联机表格自动打开 3）打开选项窗口"帧" 4）设置新工具坐标系或者基坐标系或者外部 TCP 5）单击"OK"键，确认用户对话框（注意：改变以点为基准的帧参数时会有碰撞危险） 6）如果保留当前的机器人位置及更改的工具坐标系和/或基坐标系设置，则必须按"Touchup"键，以便重新计算和保存当前位置。 7）按软键"OK"键，存储变更。 注意：如果帧参数发生变化，则必须重新测试程序是否会发生碰撞。
更改位置	1）设置运行方式 T1，将光标放在要改变的指令行里。 2）将机器人移到所要的位置。 3）单击"更改"，指令相关的联机表格自动打开。 4）对于 PTP 和 LIN 运动，按 Touchup（修整）键，以便确认 TCP 的当前位置为新的目标点；对于 CIRC 运动，按 Touchup HP（修整辅助点）键，以便确认 TCP 的当前位置为新的辅助点，或者按 Touchup ZP（修整目标点）键，以便确认 TCP 的当前位置为新的目标点。 5）单击"是"键，确认安全询问。 6）按软键"OK"键，存储变更。
更改运动参数	可更改的参数为运动方式、速度、加速度、轨迹逼近、轨迹逼近距离 1）将光标放在需改变的指令行里。 2）单击"更改"，指令相关的联机表格自动打开。 3）更改参数。 4）单击软键"OK"键，存储变更。 注意：更改运动参数后必须重新检查程序是否不会引发碰撞并且过程可靠。

3.6.5 具有外部 TCP 的运动编程

用外部 TCP（Tool Center Point）进行运动编程。用固定工具进行运动编程时，运动过程与标准运动相比会产生以下区别：

1）在选项窗口 Frames 中，"外部 TCP"项的值必须为 "True"，如图 3-71 所示。

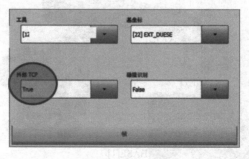

图　3-71

2）运动速度以外部 TCP 为基准。

3）沿轨迹的姿态同样以外部 TCP 为基准。

4）不但要指定合适基坐标系（固定工具/外部 TCP），而且要指定合适的工具坐标系（运动的工件）。

固定工具时的坐标系如图 3-72 所示。

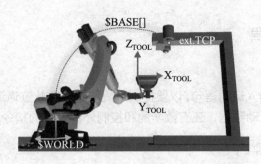

图 3-72

3.6.6 逻辑编程

为了实现与机器人控制系统的外围设备进行通信，可以使用数字式和模拟式输入端和输出端，如图 3-73 所示。对 KUKA 机器人编程时，使用的是逻辑指令的输入端和输出端信号。

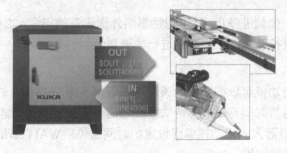

图 3-73 数字输入/输出端

1）OUT：在程序中的某个位置上关闭输出端

2）WAIT FOR：与信号有关的等待功能，控制系统在此等待信号：输入端 IN、输出端 OUT、定时信号 TIMER、控制系统内部的存储地址（标记/1 比特内存）FLAG 或者 CYCFLAG（如果循环式地连续分析）

3）WAIT：与时间相关的等待功能，控制器根据输入的时间在程序中的该位置上等待。

逻辑编辑的基本概念见表 3-20。

表 3-20 逻辑基本编程概念

概　念	解　释	示　例
通信	通过接口交换信号	询问状态（抓爪打开/闭合）
外围设备	"周围设备"	工具（例如：抓爪、焊钳等）、传感器、材料输送系统等等。
数字式	数字技术：离散的数值和时间信号	传感器信号：工件存在：值 1（TRUE/真），工件不存在：值 0（FALSE/假）
模拟式	模拟一个物理场	温度测量
输入端	通过现场总线接口到达控制器的信号	传感器信号：抓爪已打开/抓爪已闭合。
输出端	通过现场总线接口从控制系统发送至外围设备的信号	用于闭合抓爪的阀门切换指令。

3.6.7 等待功能的编程

1. 计算机预进

计算机预进时预先读入运动语句，以便控制系统能够在有轨迹逼近指令时进行轨迹设计。但处理的不仅仅是预进运动数据，还有数学的和控制外围设备的指令。如图 3-74 所示

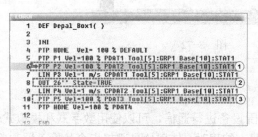

① 主运动指针（灰色语句条）

② 触发预进停止的指令语句

③ 可能的预进指针位置（不可见）

图 3-74

某些指令将触发一个预进停止。其中包括影响外围设备的指令，如 OUT 指令（抓爪关闭，焊钳打开）。如果预进指针暂停，则不能进行轨迹逼近。

2. 等待功能

运动程序中的等待功能可以很简单地通过联机表格（图 3-75①）进行编程。在这种情况下，等待功能被区分为与时间有关的等待功能和与信号有关的等待功能。

用 WAIT 可以使机器人的运动按编程设定的时间暂停。WAIT 总是触发一次预进停止。其中，WAIT Time（等待时间）≥0s。

图 3-75

程序举例（图 3-76）：

```
PTP P1 Vel=100% PDAT1
PTP P2 Vel=100% PDAT2
WAIT Time=2 sec
PTP P3 Vel=100% PDAT3
```

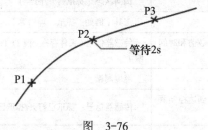

图 3-76

WAIT FOR 设定一个与信号有关的等待功能。需要时可将多个信号（最多 12 个）按逻辑

连接。如果添加一个逻辑连接，则联机表格（图 3-77）会出现用于附加信号和其他逻辑连接的栏。WAIT FOR 的联机表格各栏说明见表 3-21。

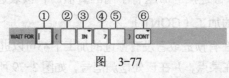

图　3-77

表　3-21

序　号	说　　明
1	添加外部连接。 1）AND 2）OR 3）EXOR 添加 NOT 1）NOT 2）[空白] 用相应的按键添加所需的运算符
2	添加内部连接。 1）AND 2）OR 3）EXOR 添加 NOT 1）NOT 2）[空白] 用相应的按键添加所需的运算符
3	等待的信号，有 IN、OUT、CYCFLAG、TIMER、FLAG
4	信号的编号：1～4096
5	如果信号已有名称则会显示出来 仅限于专家用户组使用 通过单击长文本可输入名称。名称可以自由选择
6	CONT：在预进过程中加工 [空白]：带预进停止的加工

3. 逻辑连接

在应用与信号相关的等待功能时也会用到逻辑连接。用逻辑连接可将对不同信号或状态的查询组合起来，例如可定义相关性，或排除特定的状态。如图 3-78 所示。

一个具有逻辑运算符的函数始终以一个真值为结果，即最后始终给出"真"（值 1）或"假"（值 0）。

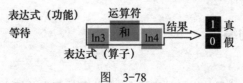

图　3-78

逻辑连接的运算符为：

1）NOT：该运算符用于否定，即使值逆反（由"真"变为"假"）。

2）AND：当连接的两个表达式为真时，该表达式的结果为真。

3）OR：当连接的两个表达式中至少一个为真时，该表达式的结果为真。

4）EXOR：当由该运算符连接的命题有不同的真值时，该表达式的结果为真。

4. 有预进和没有预进的加工（CONT）

与信号有关的等待功能在有预进或者没有预进的加工下都可以进行编程设定。没有预进表示在任何情况下都会将运动停在某点，并在该处检测信号，如图 3-79 所示，即该点不能轨迹逼近。

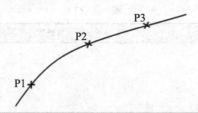

```
PTP P1 Vel=100% PDAT1
PTP P2 CONT Vel=100% PDAT2
WAIT FOR IN 10 'door_signal'
PTP P3 Vel=100% PDAT3
```

图 3-79

有预进编程设定的和与信号有关的等待功能允许在指令前创建的点进行轨迹逼近。但预进指针的当前位置不唯一（标准值：三个运动语句），因此无法明确确定信号检测的准确时间，如图 3-80 所示。另外，信号检测后也不能识别信号更改。

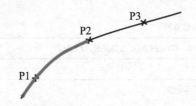

```
PTP P1 Vel=100% PDAT1
PTP P2 CONT Vel=100% PDAT2
WAIT FOR IN 10 'door_signal'   CONT
PTP P3 Vel=100% PDAT3
```

图 3-80

5. 等待功能编程的操作步骤

1）将光标放到其后应插入逻辑指令的一行上。

2）选择菜单序列"指令"＞"逻辑"＞"WAIT FOR"或"WAIT"。

3）在联机表格中设置参数。

3.6.8 简单切换功能的编程

1. 简便切换功能

通过切换功能可将数字信号传送给外围设备。为此要使用先前相应分配给接口的输出端编号。

信号设为静态（图 3-81），即它一直存在，直至赋予输出端另一个值。切换功能在程序中通过联机表格（图 3-82）实现。联机表格 OUT 各栏说明见表 3-22。

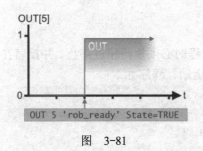

图 3-81

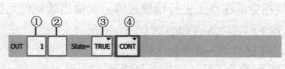

图 3-82

表 3-22

序 号	说 明
1	输出端编号：1～4096
2	1）如果输出端已有名称则会显示出来 2）仅限于专家组使用 3）通过单击长文本可输入名称。名称可以自由选择。
3	输出端接通的状态 1）TRUE 2）FALSE
4	CONT：在预进中进行的编辑 [空白]：含预进停止的处理

> ⚠ 小心　　在使用条目 CONT 时必须注意：该信号是在预进中设置的！

2. 脉冲切换功能

与简单的切换功能一样，脉冲切换功能输出端的数值也变化。在脉冲（图 3-83）时，定义的时间过去后，信号又重新取消。编程同样适用联机表格，在该联机表格（图 3-84）中给脉冲（PULSE）设置了一定的时间长度。PLUSE 联机表格说明见表 3-23。

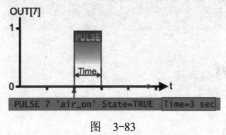

图 3-83

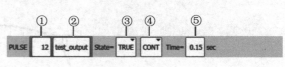

图 3-84

表 3-23

序 号	说 明
1	输出端编号：1～4096
2	1）如果输出端已有名称则会显示出来 2）仅限于专家组使用 3）通过单击长文本可输入名称。名称可以自由选择
3	输出端接通的状态 1）TRUE："高"电平 2）FALSE："低"电平
4	CONT：在预进过程中加工 [空白]：含预进停止的加工
5	脉冲长度：0.10～3.00s

3. 在切换功能时 CONT 的影响

如果在 OUT 联机表格中去掉条目 CONT，则在切换过程时必须执行预进停止，并接着在切换指令前在点上进行精确暂停。给输出端赋值后继续该运动，程序如下：

```
LIN P1 Vel=0.2m/s CPDAT1
LIN P2 CONT Vel=0.2m/s CPDAT2
LIN P3 CONT Vel=0.2m/s CPDAT3
OUT 5 'rob_ready' State=TRUE
LIN P4 Vel=0.2m/s CPDAT4
```

含切换和预进停止的运动举例如图 3-85 所示。

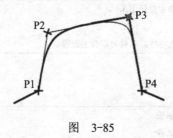

图 3-85

插入条目 CONT 的作用是，预进指针不被暂停（不触发预进停止）。因此，在切换指令前运动可以轨迹逼近。在预进时发出信号。

```
LIN P1 Vel=0.2m/s CPDAT1
LIN P2 CONT Vel=0.2m/s CPDAT2
LIN P3 CONT Vel=0.2m/s CPDAT3
OUT 5 'rob_ready' State=TRUE CONT
LIN P4 Vel=0.2m/s CPDAT4
```

含切换和预进的运动举例如图 3-86 所示。

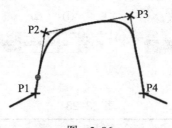

图 3-86

⚠️ 小心　预进指针的标准值占三行。但预进是会变化的，即必须考虑到，切换时间点不是保持不变的！

4. 简单切换功能的操作步骤

1）将光标放在其后应插入逻辑指令的一行中。

2）选择菜单序列"指令">"逻辑">"OUT">"OUT"或"PULSE"。

3）在联机表格中设置参数。

4）单击"OK"键，存储指令。

3.6.9 轨迹切换功能编程

轨迹切换功能可以用来在轨迹的目标点上设置奇点，而无须中断机器人运动。其中，切换可分为"静态"（SNY OUT）和"动态"（SYN Pulse）两种。SYN OUT 5 切换的信号与 SYN PULSE 5 切换的信号相同，只是切换的方式会发生变化。

1. 选项"START/END"

可以运动语句的起始点或目标点为基准触发切换动作。切换动作的时间可推移。动作语句可以是 LIN、CIRC 或 PTP 运动。选项选择 START（起始），选项选择 END（终止），SYN OUT 联机表格如图 3-87、图 3-88 所示。SYN OUT 联机表格各栏说明见表 3-24。

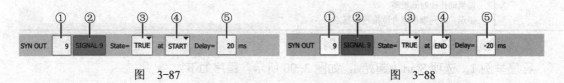

图 3-87　　　　　　　　　　　　　　　图 3-88

表 3-24

序　号	说　明
1	输出端编号：1~4096
2	1）如果输出端已有名称则会显示出来 2）仅限于专家组使用 3）通过单击长文本可输入名称。名称可以自由选择
3	输出端接通的状态 1）TRUE 2）FALSE
4	切换位置点 1）START：以动作语句的起始点为基准切换 2）END：以动作语句的目标点为基准切换
5	切换动作的时间推移 −1000~+1000ms 提示：此时间数值为绝对值。视机器人的速度，切换点的位置将随之变化。

2. 选项"PATH"

用选项"PATH"可相对于运动语句的目标点触发切换动作。切换动作的位置和/或时间均可推移。动作语句可以是 LIN 或 CIRC 运动，但不能是 PTP 运动。选项选择 PATH，SYN OUT 联机表格如图 3-89 所示，其各栏说明见表 3-25。

图 3-89

表 3-25 选项为 PATH 时 SYN OUT 联机表格的各栏说明

序 号	说 明
1	输出端编号：1～4096
2	1）如果输出端已有名称则会显示出来 2）仅限于专家组使用 3）通过单击长文本可输入名称。名称可以自由选择
3	输出端接通的状态 1）TRUE 2）FALSE
4	切换位置点：PATH
5	切换动作的方位推移：−1000～+1000mm 提示：方位数据以动作语句的目标点为基准，因此机器人速度改变时切换点的位置不变
6	切换动作的时间推移 提示：时间推移以方位推移为基准

3. 切换选项 START/END 程序举例

程序举例 1：选项 Start（起始），如图 3-90 所示，程序如下：

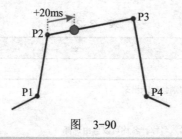

图 3-90

```
LIN P1 Vel=0.3m/s CPDAT1
LIN P2 CONT Vel=0.3m/s CPDAT2
; Schaltfunktion bezogen auf P2
SYN OUT 8 'SIGNAL 8' State=TRUE at Start Delay=20ms
LIN P3 Vel=0.3m/s CPDAT3
LIN P4 Vel=0.3m/s CPDAT4
```

程序举例 2：选项 Start 带 CONT 和正延迟，如图 3-91 所示，程序如下：

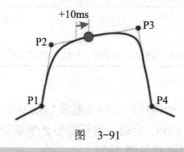

图 3-91

```
LIN P1 Vel=0.3m/s CPDAT1
LIN P2 CONT Vel=0.3m/s CPDAT2
; Schaltfunktion bezogen auf P2
SYN OUT 8 'SIGNAL 8' State=TRUE at Start Delay=10ms
LIN P3 CONT Vel=0.3m/s CPDAT3
LIN P4 Vel=0.3m/s CPDAT4
```

程序举例 3：选项 END 带负延迟，如图 3-92 所示，程序如下：

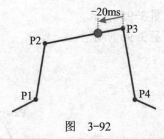

图　3-92

LIN P1 Vel=0.3m/s CPDAT1
LIN P2 Vel=0.3m/s CPDAT2
; Schaltfunktion bezogen auf P3
SYN OUT 9 'SIGNAL 9' State=TRUE at End Delay=-20ms
LIN P3 Vel=0.3m/s CPDAT3
LIN P4 Vel=0.3m/s CPDAT4

程序举例 4：选项 END 带 CONT 和负延迟，如图 3-93 所示，程序如下：

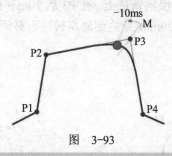

图　3-93

LIN P1 Vel=0.3m/s CPDAT1
LIN P2 Vel=0.3m/s CPDAT2
; Schaltfunktion bezogen auf P3
SYN OUT 9 'SIGNAL 9' State=TRUE at End Delay=-10ms
LIN P3 CONT Vel=0.3m/s CPDAT3
LIN P4 Vel=0.3m/s CPDAT4

程序举例 5：选项 END 带 CONT 和正延迟，如图 3-94 所示，程序如下：

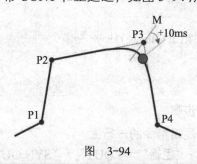

图　3-94

LIN P1 Vel=0.3m/s CPDAT1
LIN P2 Vel=0.3m/s CPDAT2
; Schaltfunktion bezogen auf P3
SYN OUT 9 'SIGNAL 9' State=TRUE at End Delay=10ms
LIN P3 CONT Vel=0.3m/s CPDAT3

LIN P4 Vel=0.3m/s CPDAT4

（1）无 Cont 的切换极限　如图 3-95 所示。

（2）带 Cont 的切换极限　如图 3-96 所示。

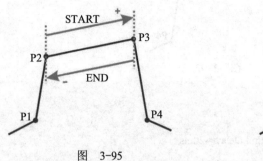

图　3-95

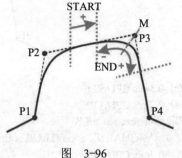

图　3-96

4. 切换选项"路径"程序举例

如图 3-97 所示，铣刀必须切换到轨迹上，在 P3 后 20mm 处应流畅地开始部件加工操作。为了使铣刀在（Path=20）P3 后 20mm 处达到最高转速，必须提前 5ms（Delay=-5ms）将其接通。程序如下：

切换极限如图 3-98 所示。

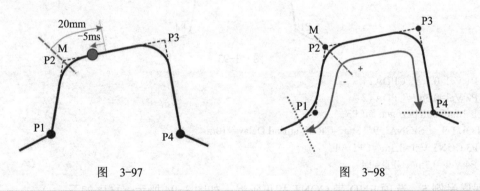

图　3-97　　　　　　　　　　　图　3-98

```
LIN P1 Vel=0.3m/s CPDAT1
; Schaltfunktion bezogen auf P2
SYN OUT 9 'SIGNAL 9' State=TRUE Path=20 Delay=-5ms
LIN P2 CONT Vel=0.3m/s CPDAT2
LIN P3 CONT Vel=0.3m/s CPDAT3
LIN P4 Vel=0.3m/s CPDAT4
```

5. 轨迹切换功能编程操作步骤

1）将光标放到其后应插入逻辑指令的一行上。

2）选择菜单序列"指令" > "逻辑" > "OUT" > "SYN OUT" 或 "SYN PULSE"。

3）在联机表格中设置参数。

4）单击"OK"键，保存指令。

第 4 章

KUKA 机器人编程

➢ 结构化编程

➢ 专家界面

➢ 变量和协定

➢ 子程序和函数

➢ 用 KRL 进行运动编程

➢ 系统变量编程

➢ 程序流程控制

➢ KRL 的切换函数

4.1 结构化编程

KUKA 机器人的编程语言是 KUKA 公司自行开发的针对用户的语言平台，通俗易懂。但在面对一些较复杂的工艺动作进行机器人运动编程时需要进行结构化编程。KUKA 机器人 KCP 提供了较为开放的编程环境，能通过底层语言平台，如 C 语言、C++语言等的逻辑语句命令进行结构化编程。

采用结构化编程可使复杂的任务分解成几个简单的分步任务，降低编程时的总耗时，使相同性能的组成部分得以更换，单独开发各组成部分。

4.1.1 创建结构化机器人程序的辅助工具

1. 注释

注释是编程语言中的补充/说明部分。所有编程语言都是由计算机指令（代码）和对文本编辑器的提示（注释）组成。程序运行时，则会忽略注释，因此程序运行结果不会受到其影响，注释只在编程与程序阅读时起提示作用。

使用注释需注意：注释不可读，但可以提高程序的可读性；程序员负责使注释内容与编程指令的当前状态一致；注释内容及其用途可由编程人员自由选择，没有严格规定的句法。

注释举例：

（1）关于整个源程序的信息

```
DEF PICK_CUBE（）
; 该程序将方块从库中取出
; 作者：Max Mustermann
; 创建日期：2016.01.03
INI
…
END
```

（2）源程序的分段

```
DEF PALLETIZE（）
; **************
; *该程序将 16 个方块堆垛在工作台上*
; *作者：Max Mustermann------------------*
; *创建日期：2011.08.09----------*
; **************
INI
…
; ----------位置的计算----------
```

> **注释的用处**
> 1）程序内容或功能说明。
> 2）改善程序的可读性。
> 3）有利于程序结构化。

> 1）在程序头注释关于整个源程序信息：作者、授权、创建日期等。

> 2）可根据源程序基本动作插入分段注释。

```
…
; -----------16 个方块的堆垛----------
…
; -----------16 个方块的卸垛----------
…
END
```

（3）单行的说明

```
DEF PICK_CUBE（）
INI
PTP HOME Vel=100% DEFAULT
PTP Pre_Pos；驶至抓取预备位置
LIN Grip_Pos；驶至方块抓取位置
…
END
```

（4）对需执行的工作的说明

```
DEF PICK_CUBE（）
INI
; 此处还必须插入货盘位置的计算！
PTP HOME Vel=100% DEFAULT
PTP Pre_Pos；驶至抓取预备位置
LIN Grip_Pos；驶至方块抓取位置
; 此处尚缺少抓爪的关闭
END
```

（5）不用代码变为注释

```
DEF Palletize（）
INI
PICK_CUBE（）
; CUBE_TO_TABLE（）
CUBE_TO_MAGAZINE（）
END
```

3）对单行程序的工作原理或含义做说明。

4）标记不完整的代码段，或者标记完全没有代码段的通配符。

5）临时不使用而后还会使用的代码组成部分，可将其变为注释。

2. FOLD 命令

FOLD 为折叠、隐藏的意思，在 KUKA 机器人编程过程中，FOLD 命令可将程序中的不变部分或注释行隐藏以增强程序的可读性但又不影响整个程序的运行过程。

在 FOLD 里可隐藏程序段。FOLD 的内容对用户来说是不可见的，在程序运行流程中会正常执行。使用 FOLD 可改善程序的可读性。

1）FOLD 通常在创建后首先显示成关闭状态：

```
DEF Main（）
…
```

```
INI                    ; KUKA FOLD 关闭
SET_EA            ; 由用户建立的 FOLD 关闭
PTP HOME Vel=100% DEFAULT; KUKA FOLD 关闭
PTP P1 CONT Vel=100% TOOL[2]: Gripper BASE[2]: Table
…
PTP HOME Vel=100% Default
END
```

2）Fold 的打开状态：

```
DEF Main（）
…
INI                    ; KUKA FOLD 关闭
SET_EA            ;由用户建立的 FOLD 打开
$OUT[12]=TRUE
$OUT[102]=FALSE
PART=0
Position=0
PTP HOME Vel=100% DEFAULT; KUKA FOLD 关闭
PTP P1 CONT Vel=100% TOOL[2]: Gripper BASE[2]: Table
…
PTP HOME Vel=100% Default
END
```

3. 子程序

在 KUKA 机器人编程过程中，可将程序中需要多次使用而不需发生变化的可独立程序段单独建立为子程序，可避免程序码重复，节省存储空间，使程序结构化，分解总任务，方便排除程序错误。子程序可多次使用。

子程序应用示例：

```
DEF MAIN（）
INI
LOOP
    GET_PEN（）
    PAINT_PATH（）
    PEN_BACK（）
    GET_PLATE（）
    GLUE_PLATE（）
    PLATE_BACK（）
    IF $IN[1] THEN
        EXIT
    ENDIF
ENDLOOP
END
```

4. 指令行缩进

为了增加子程序嵌套入主程序时程序的可读性，使用指令行的缩进，以便于说明程序模块之间的关系，具体形式为一行紧挨一行地写入嵌套深度相同的指令。

```
DEF INSERT（）
INT PART，COUNTER
INI
PTP HOME Vel=100% DEFAULT
LOOP
    FOR COUNTER=1 TO 20
        PART=PART+1
        ；联机表格无法缩进！！！
PTP P1 CONT Vel=100% TOOL[2]：Gripper BASE[2]：Table
    PTP XP5
  ENDFOR
…
ENDLOOP
```

注： 缩进并不影响程序的运行，其只与程序的可读性有关。

4.1.2 创建程序流程图

1. 程序流程图的作用

1）用于程序流程结构化的工具。

2）程序流程更加易读。

3）结构错误更加易于识别。

4）同时生成程序的文献。

2. 程序流程图图标

过程或程序的开始或结束图标如图 4-1 所示。指令与运算连接符号如图 4-2 所示。

图 4-1   图 4-2

if 分支图标如图 4-3 所示。程序代码中的一般指令图标如图 4-4 所示。

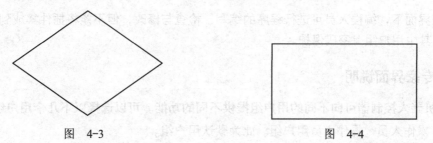

图 4-3   图 4-4

子程序调用图标如图 4-5 所示。输入/输出指令图标如图 4-6 所示。

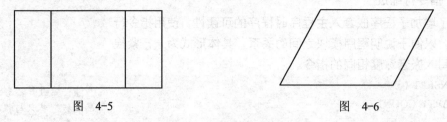

图 4-5   图 4-6

程序流程图示例如图 4-7 所示。

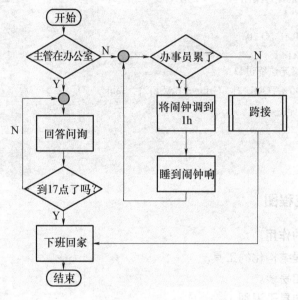

图 4-7

3. 如何创建程序流程图

1）在约 1~2 页的纸上将整个流程大致地划分。

2）将总任务划分成小的分布任务。

3）大致划分分布任务。

4）细分分布任务。

5）转换成 KRL 码。

4.2 专家界面

专家界面下，编程人员可进行程序的编写、检查与修改，但不能将插件集成到机器人控制器中，其中用户组有密码保护。

4.2.1 专家界面说明

1. 机器人控制器可向不同的用户组提供不同的功能。可以选择以下几个用户组：

（1）操作人员　操作人员用户组。此为默认用户组。

（2）应用人员　操作人员用户组。在默认设置中操作人员和应用人员的目标群是一样的。

（3）专家　编程人员用户组。此用户组有密码保护。

（4）管理员　功能与专家用户组一样。另外可以将插件（Plug-Ins）集成到机器人控制器中。此用户组有密码保护。

（5）安全维护人员　该用户组可以激活和配置机器人的安全配置。此用户组有密码保护。

（6）安全投入运行人员　只有当使用 KUKA.SafeOperation 或 KUKA.SafeRangeMonitoring 时，该用户组才相关。该用户组有密码保护。

2. 专家用户组的扩展功能

1）密码保护

2）模块的详细说明界面可供使用

3）显示/隐藏 DEF 行

4）展开和合拢折叠（FOLD）

5）在程序中显示详细说明界面

6）创建程序时可从预定义的模块中选择

7）在下列情况下将自动退出专家用户组：①当运行方式切换至 AUT（自动）或 AUT EXT（外部自动运行）时；②在一定的持续时间内未对操作界面进行任何操作时（300s）。

4.2.2　专家界面的功能

1. 借助模板创建程序

（1）Cell　现有的 Cell 程序，只能被替换或者在删除 Cell 程序后重新创建。

（2）Expert　模块由只有程序头和程序尾的 SRC 和 DAT 文件构成。

（3）Expert Submit　附加的 Submit 文件（SUB）由程序头和程序尾构成。

（4）Function　SRC 函数创建，在 SRC 中只创建带有 BOOL 变量的函数头。函数结尾已经存在，但必须对返回值进行编程。

（5）Modul　Modul（模块）由具有程序头、程序结尾以及基本框架（INI 与 2 个 PTPHOME 的 SRC 和 DAT 文件）构成。

（6）Submit　附加的 Submit 文件（SUB）由程序头、程序结尾以及基本框架（DECLARATION、INI、LOOP/ENDLOOP）构成。

2. 过滤器决定了在文件清单中如何显示程序

有以下过滤器可供选择：

（1）详细信息　程序以 SRC 和 DAT 文件形式显示（默认设置）。

（2）模块　程序以模块形式显示。

3. 显示/隐藏 DEF 行

1）默认为不显示 DEF 行。当 DEF 行显示时才能在程序中进行声明。

2）对那些被打开并选中了的程序来说，DEF 行将各自独立地显示或隐藏。如果详细说明界面打开，则 DEF 行将显示出来，无须专门进行显示操作。

4. 打开/关闭 FOLD

1）对于应用人员，FOLD 始终关闭，但可以以专家身份打开。

2）专家也可以编程设立自己的 FOLD。

4.2.3 激活专家界面和纠错的操作步骤

1. 激活专家界面

1）在主菜单中选择"配置" > "用户组"。

2）作为专家登录：单击"登录"，选定用户组专家，输入密码（默认：kuka）。

2. 纠正程序中的错误

1）在导航器中选择出错的模块，如图 4-8 所示。

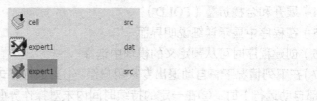

图 4-8

2）选择菜单错误列表，错误显示（程序名.ERR）随即打开。

3）选定错误，在下面的错误显示中将显示描述。

4）在错误显示窗口中按"显示"按键，跳出出错的程序。

5）纠正错误。

6）退出编辑器并保存。

4.3 变量和协定

4.3.1 KRL 中的数据保存

1. 变量

1）使用 KRL 对机器人进行编程时，从最普通的意义上来说，变量就是在机器人进程的运行过程中出现的计算值（"数值"）的容器。

2）每个变量在计算机的存储器中有一个专门指定的地址。

3）每个变量有一个非 KUKA 关键词的名称。

4）每个变量属于一个专门的数据类型。

5）在使用前必须声明数据类型。

6）在 KRL 中，变量可划分为局部变量和全局变量。

2. KRL 中变量的生存期

生存期是指变量预留存储空间的时间段。运行时间变量在退出程序或者函数时重新释放存储位置。数据列表中的变量持续获得存储位置中的当前值。

KRL 中变量的有效性：

1）声明为局部的变量只能在本程序中可用、可见。

2）全局变量在中央（全局）数据列表中创建。

3）全局变量也可以在局部数据中创建，并在声明时配上关键词 GLOBAL（全局）。

3. KRL 的数据命名规范

1）KRL 中的名称长度最多允许 24 个字符。

2）KRL 中的名称允许包括字母（A～Z）、数字（0～9）以及特殊字符"_"和"$"。

3）KRL 中的名称不允许以数字开头。

4）KRL 中的名称不允许为关键词。

5）不区分大小写。

4. KRL 的数据类型

（1）预定义的标准数据类型　见表 4-1。

表　4-1

简单数据类型	整数	实数	布尔数	单个字符
关键词	INT	REAL	BOOL	CHAR
数值范围	$-2^{31}\sim(2^{31}-1)$	$\pm1.1e^{-38}\sim\pm3.4e^{38}$	TRUE/FALSE	ASCII 字符集
示例	-199 或 56	-0.000123 或 3.1415	TRUE 或 FALSE	"A" 或 "q" 或 "7"

（2）数组/Array

Voltage[10]=12.75

Voltage[11]15.59

1）借助下标保存相同数据类型的多个变量。

2）初始化或者更改数值均借助下标进行。

3）最大数组的大小取决于数据类型所需存储空间的大小。

（3）枚举数据类型

color = #red

1）枚举类型的所有值在创建时会用名称进行定义。

2）系统也会规定顺序。

3）元素的最大数量取决于存储位置的大小。

（4）复合数据类型/结

Date={day 14，month 12，year 1996}

1）由不同数据类型的数据项组成的复合数据类型。

2）这些数据项可以由简单的数据类型组成，也可以由结构组成。

3）各个数据项均可以存取。

5. 变量的生存期/有效性

（1）在 SCR 文件中创建的变量被称为运行时间变量　特征如下：

1）不能被一直显示。

2）仅在被声明的程序段中有效。

3）在到达程序的最后一行（END 行）时重新释放存储位置。

（2）局部 DAT 文件中的变量　其特征如下：

1）在相关 SRC 文件的程序运行时可以一直被显示。

2）在完整的 SCR 文件中可用，因此在局部的子程序中也可用。

3）可创建为全局变量。

4）获得 DAT 文件中的当前值，重新调用时以所保存的值开始。

（3）系统文件$CONFIG.DAT 中的变量

1）在所有程序中都可用（全局）。

2）即使没有程序在运行，也始终可以被显示。

3）获得$CONFIG.DAT 文件中的当前值。

6. 变量的双重声明

1）双重声明始终出现在使用相同的字符串（名称）时，如果在不同的 SRC 或 DAT 文件中使用相同的名称，则不属于双重声明。

2）在同一个 SCR 和 DAT 文件中进行双重声明是不允许的，并且会生成错误信息。

3）在 SRC 或 DAT 文件及$CONFIG.DAT 中允许双重声明：

① 运行已定义好变量的程序时，只会更改局部值，而不会更改$CONFIG.DAT 中的值。

② 运行"外部"程序时，只会调用和修改$CONFIG.DAT 中的值。

7. KUKA 系统数据

KUKA 系统数据类型有枚举数据类型，例如运行方式（mode_op）；结构，例如日期/时间（date）。

系统信息可从 KUKA 系统变量中获得：

1）读取当前的系统信息。

2）更改当前的系统配置。

3）已经预定义好并以"$"字符开始，如$DATE（当前时间和日期），$POS_ACT（当前机器人位置）。

4.3.2　简单数据类型的创建、初始化和改变

KRL 的简单数据类型有整数（INT）、实数（REAL）、布尔数（BOOL）和单个字符（CHAR）。

1. 建立变量以及变量声明

在使用前必须先进行声明。每一个变量均划归一种数据类型。命名时要遵守命名规范。声明的关键词为 DECL。对四种简单数据类型关键词 DECL 可省略。用预进指针赋值。

变量声明可以不同形式进行，不同形式对应不同的生存期和有效性。

1）在 SRC 文件中声明。

2）在局部 DAT 文件中声明。

3）在$CONFIG.DAT 中声明。

4）在局部 DAT 文件中配上关键词"全局"声明。

2. 创建常量

1）常量用关键词 CONST 建立。

2）常量只允许在数据列表中建立。

3. SRC 文件中的程序结构

1）在声明部分必须声明变量。

2）初始化部分从第一个赋值开始，但通常都是从"INI"行开始。

3）在指令部分会赋值或更改值。

```
DEF main（）
; 声明部分
…
; 初始化部分
INI
…
; ？？？？
PTP HOME Vel=100% DEFAULT
…
END
```

4. 计划变量声明

（1）规定生存期

1）SCR 文件：程序运行结束时，运行时间变量"死亡"。

2）DAT 文件：在程序运行结束后变量还保持着。

（2）规定有效性/可用性

1）在局部 SRC 文件中：仅在程序中被声明的地方可用。因此变量仅在局部 DEF 和 END 行之间可用（主程序或局部子程序）。

2）在局部 DAT 文件中：在整个程序中有效，即在所有的局部子程序中也有效。

3）$CONFIG.DAT：全局可用，即在所有程序中都可以读写。

4）在局部 DAT 文件中作为全局变量：全局可用，只要为 DAT 文件制定关键词 PUBLIC 并在声明时再另外制定关键词 GOLBAL，则在所有程序中就可以读写。

（3）规定数据类型

1）BOOL：经典式"是"/"否"结果。

2）REAL：为了避免四舍五入出错的运算结果。

3）INT：用于计数循环或件数计数器的经典计数变量。

4）CHAR：仅一个字符，字符串或文本只能作为 CHAR 数组来实现。

（4）命名和声明

1）使用 DECL，以使程序便于阅读。

2）使用可让人一目了然的合理变量名称。

3）请勿使用晦涩难懂的名称或缩写。

4）使用合理的名称长度，即不要每次都使用 24 个字符。

5. 在声明具有简单数据类型变量时的操作步骤

（1）在 SCR 文件中创建变量

1）设置专家用户组。

2）使 DEF 行显示出来。

3）在编辑器中打开 SCR 文件。

4）声明变量。

```
DEF MY_PROG（）
DECL INT counter
DECL REAL price
DECL BOOL error
DECL CHAR symbol
INI
…
END
```

5）关闭并保存程序。

（2）在 DAT 文件中创建变量

1）设置专家用户组。

2）在编辑器中打开 DAT 文件。

3）声明变量。

```
DEFDAT MY_PROG
EXTERNAL DECLARATIONS
DECL INT counter
DECL REAL price
DECL BOOL error
DECL CHAR symbol
…
ENDDAT
```

4）关闭并保存数据列表。

（3）在$CONFIG.DAT 中创建变量

1）设置专家用户组。

2）在编辑器中打开 SYSTEM（系统）文件中的$CONFIG.DAT。

```
DEFDAT $CONFIG
BASISTECH GLOBALS
AUTOEXT GLOBALS
USER GLOBALS
ENDDAT
```

3）选择 FOLD "USER GLOBALS"，然后用软键 "打开/关闭 Fold" 将其打开。

4）声明变量。

```
DEFDAT $CONFIG
…
; =========================
; 用户自定义类型
; =========================
; 外部用户自定义
```

```
; ========================
; ========================
; 用户自定义变量
; ========================

DECL INT counter
DECL REAL price
DECL BOOL error
DECL CHAR symbol
…

ENDDAT
```

5）关闭并保存数据列表。

（4）在 DAT 文件中创建全局变量

1）设置专家用户组。

2）在编辑器中打开 DAT 文件。

3）通过关键词 PULIC 扩展程序头中的数据列表。

```
DEFDAT MY_PROG PUBLIC
```

4）声明变量。

```
DEFDAT MY_PROG PUBLIC
EXTERNAL DECLARATIONS
DECL GLOBAL INT counter
DECL GLOBAL REAL price
DECL GLOBAL BOOL error
DECL GLOBAL CHAR symbol
…

ENDDAT
```

5）关闭并保存数据列表。

6. 简单数据类型变量的初始化

（1）KRL 初始化说明

1）每次声明后变量都只预留了一个存储位置，值总是无效值。

2）在 SRC 文件中声明和初始化始终在两个独立的行中进行。

3）在 DAT 文件中声明和初始化始终在一行中进行。常量必须在声明时即初始化。

4）初始化部分以第一次赋值开始。

（2）初始化的方法

① 初始化为十进制数：

```
Value=58
```

② 初始化为二进制数：

```
Value='B111010'
```

③ 初始化为十六进制数：

```
Value='H3A'
```

7. 使用 KRL 初始化时的操作步骤

（1）在 SRC 文件中声明和初始化

1）在编辑器中打开 SCR 文件。

2）已声明完毕。

3）执行初始化。

```
DEF MY_PROG（ ）
DECL INT counter
DECL REAL price
DECL BOOL error
DECL CHAR symbol
INI
Counter=10
Price=0.0
error=FALSE
symbol="X"
…
END
```

4）关闭并保存程序。

（2）在 DAT 文件中声明和初始化

1）在编辑器中打开 DAT 文件。

2）已声明完毕。

3）执行初始化。

```
DEFDAT MY_PROG
EXTERNAL DECLARATIONS
DECL INT counter=10
DECL REAL price=0.0
DECL BOOL error=FALSE
DECL CHAR symbol="X"
…
ENDDAT
```

4）关闭并保存数据列表。

（3）在 DAT 文件中声明和在 SRC 文件中初始化

1）在编辑器中打开 DAT 文件。

2）进行声明。

```
DEFDAT MY_PROG
EXTERNAL DECLARATIONS
DECL INT counter
DECL RERL price
DECL BOOL error
DECL CHAR symbol
…
```

```
ENDDAT
```

3）关闭并保存数据列表。

4）在编辑器中打开 SCR 文件。

5）执行初始化。

```
DEF MY_PROG（）
…
INI
Counter=10
Price=0.0
Error=FALSE
Symbol= "X"
…
END
```

6）关闭并保存程序。

（4）常量的声明和初始化

1）在编辑器中打开 DAT 文件。

2）进行声明和初始化。

```
DEFDAT MY_PROG
EXTERNAL DECLARATIONS
DECL CONST INT max_size=99
DECL CONST REAL PI=3.1415
…
ENDDAT
```

3）关闭并保持数据列表。

8. 用 KRL 对简单数据类型的变量值进行操作

（1）用 KRL 修改变量值的方法

1）基本运算类型：+加法、−减法、*乘法、/除法。

2）比较运算：==相同/等于、<>不同、>大于、<小于、>=大于等于、<=小于等于。

3）逻辑运算：NOT 反向、AND 逻辑 "与"、OR 逻辑 "或"、EXOR "异或"。

4）位运算：B_NOT 按位取反运算、B_AND 按位与、B_OR 按位或、B_EXOR 按位异或。

5）标准函数：绝对函数、根函数、正弦和余弦函数、正切函数、反余弦函数、反正切函数、多种字符串处理函数。

（2）数据操作时的关系

1）使用数据类型 REAL 和 INT 时的数据更改。

① 四舍五入：

```
; 声明
DECL INT A，B，C
DECL REAL R，S，T
; 初始化
A=3；A=3
B=5.5；B=6（x.5 起凑成整数）
C=2.25；C=2（四舍五入）
```

R=4；R=4.0
S=6.5；S=6.5
T=C；T=2.0（应用四舍五入后的整数）

② 数学运算结果（+，−，＊）：见表 4-2。

表 4-2

运 算 对 象	INT	REAL
INT	INT	REAL
REAL	REAL	REAL

；声明
DECL INT D，E
DECL REAL U，V
；初始化
D=2
E=5
U=0.5
V=10.6
；指令部分（数据操作）
D=D*E；D=2*5=10
E=E+V；E=5+10.6=15.6 –>四舍五入为 E=16
U=U*V；U=0.5*10.6=5.3
V=E+V；V=16+10.6=26.6

③ 数学运算结果（/）。

2）使用整数值运算时的特点：

① 纯整数运算的中间结果会去掉所有小数位。

② 给整数变量赋值时会根据一般计算规则对结果进行四舍五入。

；声明
DECL INT F
DECL REAL W
；初始化
F=10
W=10.0
；指令部分（数据操作）
；INT/INT–>INT
F=F/2；F=5
F=10/4；F=2（10/4=2.5 –>省去小数点后面的尾数）
；REAL/INT–>REAL
F=W/4；F=3（10.0/4=2.5 –>四舍五入为整数）
W=W/4；W=2.5

3）比较运算：通过比较运算可以构成逻辑表达式。比较结构始终是 BOOL 数据类型。见表 4-3。

表 4-3

运算符/KRL	说　明	允许的数据类型
==	等于/相等	INT、REAL、CHAR、BOOL
<>	不等	INT、REAL、CHAR、BOOL
>	大于	INT、REAL、CHAR
<	小于	INT、REAL、CHAR
>=	大于等于	INT、REAL、CHAR
<=	小于等于	INT、REAL、CHAR

```
; 声明
DEAL BOOL G, H
; 初始化/指令部分
G=10>10.1; G=FALSE
H=10/3==3; H=TRUE
G=G<>H; G=TRUE
```

4）逻辑运算：通过逻辑运算可以构成逻辑表达式。这种运算的结果始终是 BOOL 数据类型。见表 4-4。

表 4-4

运　　算		NOT A	A AND B	A OR B	A EXOR B
A=TRUE	B=TRUE	FALSE	TRUE	TRUE	FALSE
A=TRUE	B=FALSE	FALSE	FALSE	TRUE	TRUE
A=FALSE	B=TRUE	TRUE	FALSE	TRUE	TRUE
A=FALSE	B=FALSE	TRUE	FALSE	FALSE	FALSE

```
; 声明
DECL BOOL K, L, M
; 初始化/指令部分
K=TRUE
L=NOT K; L=FALSE
M=（K AND L）OR（K EXOR L）; M=TRUE
L=NOT（NOT K）; L=TRUE
```

5）运算将根据其优先级顺序进行，见表 4-5。

表 4-5

优 先 级	运 算 符
1	NOT（B_NOT）
2	乘（*）; 除（/）
3	加（+）, 减（−）
4	AND（B_AND）
5	EXOR（B_EXOR）
6	OR（B_OR）
7	各种比较（==; <>; …）

```
; 声明
DECL BOOL X, Y
```

```
DECL INT Z
; 初始化/指令部分
X=TRUE
Z=4
Y= (4*Z+16<>32) AND X; Y=FALSE
```

（3）数据操作时的操作步骤

1）确定一个或多个变量的数据类型。

2）确定变量的有效性和生存期。

3）进行变量声明。

4）初始化变量。

5）在程序运行中，始终在 SCR 文件中对变量进行操作。

6）关闭并保存 SRC 文件。

4.3.3　KRL Arrays（数组）

1. KRL 数组

数组（Arrays），可为具有相同数据类型并借助下标区分的多个变量提供存储位置。

1）数组的存储位置是有限的，即最大数组的大小取决于数据类型所需的存储空间大小。

2）声明时，数组大小和数据类型必须已知。

3）KRL 中的起始下标始终从 1 开始。

4）初始化始终可以逐个进行。

5）在 SRC 文件中的初始化也可以采用循环方式进行数组维数。

2. 数组维数

（1）1 维数组

```
dimension1 [4]=TRUE
```

（2）2 维数组

```
dimension2 [2, 1]=3.25
```

（3）3 维数组

```
dimension1 [3, 4, 1]=21
```

KRL 不支持 4 维及 4 维以上的数组。

3. 数组声明

1）在 SCR 文件中建立。

```
DEF MY_PROG ()
DECL BOOL error[10]
DECL REAL value[50, 2]
DECL INT parts[10, 10, 10]
INI
…
END
```

2）在数据列表（即$CONFIG.DAT）中建立。

```
DEFDAT MY_PROG
EXTERNAL DECLARATIONS
DECL BOOL error[10]
DECL REAL value[50，2]
DECL INT parts[10，10，10]
…
ENDDAT
```

4. 在 SRC 文件中对数组进行声明并初始化

1）通过调用索引单独对每个数组进行声明和初始化。

```
DECL BOOL error[10]
Error[1]=FALSE
Error[2]=FALSE
Error[3]=FALSE
Error[4]=FALSE
Error[5]=FALSE
Error[6]=FALSE
Error[7]=FALSE
Error[8]=FALSE
Error[9]=FALSE
Error[10]=FALSE
```

2）以合适的循环对数组进行声明和初始化。

```
DECL BOOL error[10]
DECL INT x
FOR x=1 TO 10
Error[x]=FALSE
ENDFOR
```

5. 在数据列表中初始化数组

1）在每一个数组的数据列表中通过调用索引单独进行，接着将值显示在数据列表中。

```
DEFDAT MY_PROG
EXTERNAL DECLARATIONS
DECL BOOL error[10]
Error[1]=FALSE
Error[2]=FALSE
Error[3]=FALSE
Error[4]=FALSE
Error[5]=FALSE
Error[6]=FALSE
Error[7]=FALSE
Error[8]=FALSE
Error[9]=FALSE
Error[10]=FALSE
```

2）在数据列表中不允许进行的声明和初始化。

```
DEFDAT MY_PROG
```

```
EXTERNAL DECLARATIONS
DECL BOOL size=32
error[1]=FALSE
error[2]=FALSE
error[3]=FALSE
error[4]=FALSE
error[5]=FALSE
error[6]=FALSE
error[7]=FALSE
error[8]=FALSE
error[9]=FALSE
error[10]=FALSE
```

6. 在数据列表中对数组进行声明并在 SRC 文件中进行初始化

假如数组是建立在数据列表中，则不能在数据列表中查看当前值，只能通过变量显示检查当前值。

```
DEFDAT MY_PROG
EXTERNAL DECLARATIONS
DECL BOOL error[10]
```

```
DEF MY_PROG（）
INI
Fehler[1]=FALSE
Fehler[2]=FALSE
Fehler[3]=FALSE
…
Fehler[10]=FALSE
```
    或
```
DEF MY_PROG（）
INI
FOR x=1 TO 10
Fehler[x]=FALSE
ENDFOR
```

7. 借助循环进行初始化

（1）1 维数组

```
DECL INT parts[15]
DECL INT x
FOR x=1 TO 15
Parts[x]=4
ENDFOR
```

（2）2 维数组

```
DECL INT parts_table[10，5]
DECL INT x，y
```

```
FOR x=1 TO 10
    FOR y=1 TO 5
        Parts_table[x，y]=6
    ENDFOR
ENDFOR
```

（3）3 维数组

```
DECL INT parts_palette[5，4，3]
DECL INT x，y，z
FOR x=1 TO 5
    FOR y=1 TO 4
        FOR z=1 TO 3
            Parts_palette[x，y，z]=12
        ENDFOR
    ENDFOR
ENDFOR
```

8. 使用数组时的操作步骤

1）确定数组的数据类型。

2）确定数组的有效性和生存期。

3）进行数组的声明。

4）初始化数组元素。

5）在程序运行中，即始终在 SCR 文件中对数组进行操作。

6）关闭并保存 SRC 文件。

```
DEF MY_PROG（）
DECL REAL palette_size[10]
DECL INT counter
INI
；初始化
FOR counter=1 TO 10
palette_size[counter]=counter*1.5
ENDFOR
…
；单个更改值
palette_size[8]=13
…
；值比较
IF palette_size[3]>4.2 THEN
```

4.3.4　KRL 结构

KRL 结构是一种复合型数据类型，其包含多种单一信息的变量。用数组可将同种数据类型的变量汇总。但在现实中，大多数变量是由不同数据类型构成的。例如，对一辆汽车而言，发动机功率或里程数为整数型；对价格而言，实数型最适用；而空调设备的存在则与此相反，应为布尔型。所有部分汇总起来可描述一辆汽车。用关键词 STRUC 可自行定义一个结构。结构是不同数据类型的组合。

STRUC CAR_TYPE INT motor，REAL price，BOOL air_condition

一种结构必须首先经过定义，然后才能继续使用。

1. 结构的可用性/定义

1）在结构中可使用简单的数据类型 INT、REAL、BOOL 及 CHAR。

STRUC CAR_TYPE INT motor，REAL price，BOOL air_condition

2）在结构中可以嵌入 CHAR 数组。

STRUC CAR_TYPE INT motor，REAL price，BOOL air_condition，CHAR car_model[15]

➢ 在结构中也可以使用诸如位置 POS 等已知结构。

STRUC CAR_TYPE INT motor，REAL price，BOOL air_condition，POS car_pos

➢ 定义完结构后还必须对此声明工作变量。

STRUC CAR_TYPE INT motor，REAL price，BOOL air_condition

DECL CAR_TYPE my_car

2. 结构的初始化/更改

1）初始化可通过括号进行。

2）通过括号初始化时只允许使用常量（固定值）。

3）赋值顺序可以不用理会。

my_car={motor 50，price 14999.95，air-condition=TRUE}

my_car={ price 14999.95，motor 50，air-condition=TRUE}

4）在结构中不必指定所有结构元素。

5）一个结构将通过一个结构元素进行初始化。

6）未初始化的值已被或将被设置为未知值。

my_car={motor 75}；价格未知

7）初始化也可以通过点号进行。

my_car. Price=9999.0

8）通过点号进行初始化时也可以使用变量。

my_car.price=value_car

9）结构元素可随时通过点号逐个进行重新更改。

My_car.price=12000.0

3. 有效性/生存期

1）创建的局部结构在到达 END 行时便无效。

2）在多个程序中使用的结构必须在$CONFIG.DAT 中进行声明。

4. 命名

1）不允许使用关键词。

2）为了便于辨认，自定义的结构应以 TYPE 结尾。

3）KUKA 经常以保存在系统中的预设定结构工作。

5. 位置范围内预设定的 KUKA 结构

1）AXIS：STRUC AXIS REAL A1，A2，A3，A4，A5，A6

2）E6AXIS：STRUC E6AXIS REAL A1，A2，A3，A4，A5，A6，E1，E2，E3，E4，E5，E6

3）FRAME：STRUC FRAME REAL X，Y，Z，A，B，C

4）POS：STRUC FRAME REAL X，Y，Z，A，B，C

5）E6POS：STRUC E6POS REAL X，Y，Z，A，B，C，E1，E2，E3，E4，E5，E6 INT S，T

6. 带一个位置的结构的初始化

1）通过括号初始化时只允许使用常量（固定值）。

```
STRUC CAR_TYPE INT motor，REAL price， BOOL air_condition，POS car_pos
DEAL CAR_TYPE my_car
my_car={price 14999.95，motor 50，air_condition=TRUE，car_pos{X1000，Y 500，A 0}}
```

2）初始化也可以通过点号进行。

```
my_car.price=14999.95
my_car.car_pos={X 1000，Y 500，A 0 }
```

3）通过点号进行初始化时也可以使用变量。

```
my_car.price=14999.95
my_car.car_pos.X=x_value
my_car.car_pos.Y=750
```

7. 创建结构

1）定义结构。

```
STRUC CAR_TYPE INT motor，REAL price，BOOL air_condition
```

2）声明工作变量。

```
DECL CAR_TYPE my_car
```

3）初始化工作变量。

```
my_car={motor 50，price 14999.95，air_condition=TR-UE}
```

4）比较值的更改和/或工作变量的值。更改值和/或比较工作变量的值。

```
my_car.price=5000.0
my_car.price=value_car
```

```
IF my_car.price>=20000.0 THEN
…
ENDIF
```

4.3.5 枚举数据类型 ENUM

枚举数据类型 ENUM 由一定量的常量（例如红、黄或蓝）组成：

```
ENUM COLOR_TYPE green，blue，red，yellow
```

常量可自由选择名称，由编程员确定。一种枚举类型必须首先经过定义，然后才能继续使用。如 COLOR_TYPE 型箱体颜色的工作变量只能接受一个常量的一个值。常量的赋值始终以符号#进行。

1. 枚举数据类型的应用

1）只能使用已知常量。

2）枚举类型可扩展任意多次。

3）枚举类型可单独使用。

```
ENUM COLOR_TYPE green，blue，red，yellow
STRUC CAR_TYPE INT motor，REAL price，COLOR_TYPE car_color
```

2. 枚举数据类型的有效性/生存期

1）创建的局部枚举类型在到达 END 行时便无效。

2）在多个程序中使用的枚举类型必须在$CONFIG.DAT 中进行声明。

3. 枚举数据类型的命名

1）枚举类型及其常量的名称应一目了然。

2）不允许使用关键词。

3）为了便于辨认，自定义的枚举类型应以 TYPE 结尾生成枚举数据类型。

4. 生成枚举数据类型

1）定义枚举变量和常量。

```
ENUM LAND_TYPE de，be，cn，fr，es，br，us，ch
```

2）声明工作变量。

```
DECL LAND_TYPE my_land
```

3）初始化工作变量。

```
my_land = #be
```

4）比较工作变量的值。

```
IF my_land == #es THEN
…
ENDIF
```

4.4　子程序和函数

4.4.1　局部程序

1. 局部子程序的特点

1）局部子程序位于主程序之后并以 DEF Name_Unterprogr-am（ ）和 END 标明。

```
DEF MY_PROG（ ）
; 此为主程序
…
END

DEF LOCAL_PROG1（ ）
```

```
;  此为局部子程序 1
...
END

DEF LOCAL_PROG2（）
;  此为局部子程序 2
...
END

DEF LOCAL_PROG3（）
;  此为局部子程序 3
...
END
```

2）SRC 文件中最多可由 255 个局部子程序组成。

3）局部子程序允许多次调用。

4）局部程序名称需要使用括号。

2. 用局部子程序工作时的关联

1）运行完局部子程序后，跳回调出子程序后面的第一个指令。

```
DEF MY_PROG（）
;  此为主程序
...
LOCAL_PROG1（）
...
END

DEF LOCAL_PROG1（）
...
LOCAL_PROG2（）
...
END

DEF LOCAL_PROG2（）
...
END
```

2）最多可相互嵌入 20 个子程序。

3）点坐标保存在所属的 DAT 列表中，可用于整个文件。

```
DEF MY_PROG（）
;  此为主程序
...
PTP P1 Vel=100% PDAT1
...
END
```

```
DEF LOCAL_PROG1 （ ）
…
；与主程序中相同的位置
PTP P1 Vel=100% PDAT1
…
END
```

```
DEFDAT MY_PROG （ ）
…
DECL E6POS xp1={X 100， Z 200， Z 300 … E6 0.0}
…
ENDDAT
```

4）用 RETURN 可结束子程序，并由此跳回先前调用该子程序的程序模块中。

```
DEF MY_PROG （ ）
；此为主程序
…
LOCAL_PROG1 （ ）
…
END
```

```
DEF LOCAL_PROG1 （ ）
…
IF $IN[12]==FALSE THEN
RETURN；跳回主程序
ENDIF
…
END
```

3. 创建局部子程序的操作步骤

1）设置专家用户组。

2）使 DEF 行显示出来。

3）在编辑器中打开 SCR 文件：

```
DEF MY_PROG （ ）
…
END
```

4）用光标跳到 END 行下方。

5）通过 DEF、程序名称和括号指定新的局部程序头。

```
DEF MY_PROG （ ）
…
END
DEF PICK_PART （ ）
```

6）通过 END 命令结束新的子程序。

```
DEF MY_PROG（）
…
END
DEF PICK_PART（）
END
```

7）用回车键确认后，会在主程序和子程序之间插入一个横条：

```
DEF MY_PROG（）
…
END
_____
DEF PICK_PART（）
END
```

8）继续编辑主程序和子程序。

9）关闭并保存程序。

4.4.2　全局子程序

全部子程序可以独立程序的形式存在，具有单独的 SRC 和 DAT 文件。全局子程序允许多次调用。

```
DEF GLOBAL1（）
…
END
```

```
DEF GLOBAL2（）
…
END
```

1. 全局子程序与局部子程序联合编程

1）局部子程序运行完毕后，跳回到调出子程序后面的第一个指令。

```
DEF GLOBAL1（）
…
GLOBAL2（）
…
END
```

```
DEF GLOBAL2（）
…
GLOBAL3（）
…
END
```

```
DEF GLOBAL3（）
…
END
```

2）最多可相互嵌入 20 个子程序。

3）点坐标保存在各个所属的 DAT 列表汇总，并仅供相关程序使用。

```
DEF GLOBAL1（）
…
PTP P1 Vel=100% PDAT1
END
```

```
DEFDAT GLOBAL1（）
DECL E6POS XP1={X 100，Z 200，Z 300 … E6 0.0}
ENDDAT
```

Global2（）中 P1 的不同坐标

```
DEF GLOBAL2（）
…
PTP P1 Vel=100% PDAT1
END
```

```
DEF GLOBAL2（）
DECL E6POS XP1={X 800，Z 775，Z 999 … E6 0.0}
ENDDAT
```

4）用 RETURN 可结束子程序，并由此跳回先前调用该子程序的程序模块中。

```
DEF GLOBAL1（）
…
GLOBAL2（）
…
END
```

```
DEF GLOBAL2（）
…
IF $IN[12]==FALSE THEN
RETURN；返回 GLOBAL1（）
ENDIF
…
END
```

2. 使用全局子程序编程时的操作步骤

1）设置专家用户组。

2）新建程序。

```
DEF MY_PROG（）
…
END
```

3）新建第二个程序。

```
DEF PICK_PART（）
…
END
```

4）在编辑器中打开程序 MY_PROG 的 SCR 文件。

5）借助程序名和括号编程设定子程序的调用。

```
DEF MY_PROG（）
…
PICK_PART（）
…
END
```

6）关闭并保存程序。

4.4.3　将参数传递给子程序

1. 参数传递指令格式

```
DEF MY_PROG（）
…
CALC（K，L）
…
END
```

```
DEF CALC（R：IN，S：OUT）
…
END
```

2. 参数传递给子程序的方法

1）作为 IN 参数。

2）作为 OUT 参数。

既可将参数传给局部子程序，也可传给全局子程序。

（1）作为 IN 参数的参数传递

1）变量值在主程序中保持不变，即变量以主程序原来的值继续工作。

2）子程序只能读取变量值，但不能写入。

（2）作为 OUT 参数的参数传递

1）变量值在主程序中同时更改，即变量应用子程序的值。

2）更改该值，然后返回新的值。

3）将参数传递给局部子程序。

```
DEF MY_PROG（）
DECL REAL r，s
…
CALC_1（r）
…
CALC_2（s）
…
END
```
```
DEF CALC_1（num1：　IN）
；值"r"仅为只读传递至 num1
DECL REAL num1
…
END
```

```
DEF CALC_2（num2： OUT）
；值"s"传递至 num2、更改并传回写入
DECL REAL num2
…
END
```

4）将参数传递给全局子程序。

```
DEF MY_PROG（）
DECL REAL r，s
…
CALC_1（r）
…
CALC_2（s）
…
END
```

```
DEF CALC_1（num1： IN）
；值"r"仅为只读传递至 num1
DECL REAL num1
…
END
```

```
DEF CALC_2（num2： OUT）
；值"s"传递至 num2、更改并传回
DECL REAL num2
…
END
```

5）始终可以向相同的数据类型进行值传递。

6）向其他数据类型进行值传递（表 4-6）。

```
DEF MY_PROG（）
DECL DATATYPE1 value
CALC（value）
END
```

```
DEF CALC（num： IN）
DECL DATATYPE2 num
…
END
```

表　4-6

数据类型 1	数据类型 2	备　注
BOOL	INT、REAL、CHAR	错误（…参数不兼容）
INT	REAL	INT 值被用作 REAL 值
INT	CHAR	使用 ASCⅡ表中的字符
CHAR	INT	使用 ASCⅡ表中的 INT 值
CHAR	REAL	使用 ASCⅡ表中的 REAL 值
REAL	INT	REAL 值被四舍五入
REAL	CHAR	REAL 值被四舍五入，使用 ASCⅡ表中的字符

3. 多参数传递

```
DEF MY_PROG（ ）
DECL REAL w
DECL INT a，b
…
CALC（w，b，a）
…
CALC（w，30，a）
…
END

DEF CALC（ww：OUT，bb：IN，aa：OUT）
; 1.）w<->ww，b->bb，a<->aa
; 1.）w<->ww，30>bb，a<->aa
DECL REAL ww
DECL INT aa，bb
…
END
```

4. 使用数组进行参数传递

1）数组只能被整个传递到一个新的数组中。

2）数组只允许以参数 OUT 的方式进行传递。

```
DEF MY_PROG（ ）
DECL CHAR name[10]
…
Name= "PETER"
RECHNE（name[]）
…
END

DEF RECHNE（my_name[]：OUT）
; 子程序中的数组应始终无数组大小创建
; 数组大小与输出端数组适配
DECL CHAR my_name[]
…
END
```

3）单个数组元素也可以被传递。

```
DEF MY_PROG（ ）
DECL CHAR name[10]
…
Name= "PETER"
CALC（name[1]）
…
END

DEF RECHNE（symbol：　IN）
; 仅传递一个字符
```

```
DECL CHAR symbol
…
END
```

ℹ 在传递单个数组元素时，只允许变量作为目标，不允许数组作为目标。

5. 参数传递时的操作步骤

1）确定在子程序中需要哪些参数。

2）确定参数传递的种类（IN 或 OUT 参数）。

3）确定原始数据和目标数据类型（数据类型最好相同）。

4）确定参数传递的顺序。

注意： 最先发送的参数被写到子程序中的第一个参数上，第二发送的参数被写到子程序中的第二个参数上，以此类推。

5）将主程序载入编辑器。

6）在主程序中声明、初始化及操纵变量。

7）通过变量调用创建子程序调用。

8）关闭并保存主程序。

9）将子程序载入编辑器。

10）在 DEF 行中补充变量及 IN/OUT。

11）关闭并保存子程序。

完整示例如下：

```
DEF MY_PROG（）
DECL REAL w
DECL INT a，numberl
W=1.5
a=3
b=5
CALC（w，b，a）
；当前值
；w=3.8
；a=13
；b=5
END


DEF CALC（ww：OUT，bb：IN，aa：OUT）
；w<->ww，b->bb，a<->aa
DECL REAL ww
DECL INT aa，bb
ww=ww+2.3；ww=1.5+2.3=3.8->w
bb=bb+5；bb=5+5=10
aa=bb+aa；aa=10+3=13->a
END
```

4.4.4 函数编程

1. 通过 KRL 定义函数

1）函数是一种向主程序返回某一值的子程序。

2）通常需要输入一定的值才能计算返回值。

3）在函数头中会规定返回主程序中的数据类型。

4）待传递的值通过指令 RETURN（return_value）传递。

5）有局部和全局函数两种。

6）函数的指令格式如下：

```
DEFFCT DATATYPE NAME_FUNCTION（）
…
RETURN（return_value）
ENDFCT
```

2. KRL 函数的特性及功能

（1）程序名同时也是一种特定数据类型的变量名称

（2）调用全局函数

```
DEF MY_PROG（）
DECL REAL result，value
…
Result=CALC（value）
…
END

DEFFCT REAL CALC（num：IN）
DECL REAL return_value，num
…
RETURN（return_value）
ENDFCT
```

 指令 RETURN（return_value）必须在指令 ENDFCT 之前。

（3）调用局部函数

```
DEF MY_PROG（）
DECL REAL result，value
…
Result=CALC（value）
…
END

DEFFCT REAL CALC（num：IN）
DECL REAL return_value，num
…
RETURN（return_value）
ENDFCT
```

（4）值传递时使用 IN/OUT 参数　作为 IN 参数进行值传递：

```
DEF MY_PROG（）
DECL REAL result，value
Value=2.0
Result=CALC（value）
; value=2.0
; result=1000.0
END
```

```
DEFFCT REAL CALC（num：IN）
DECL REAL return_value，num
Num=num+8.0
return_value=num*100.0
RETURN（return_value）
ENDFCT
```

 传递的值 value 改变后返回。

3. 函数编程时的操作步骤

1）确定该函数应提供哪个值（返回数据类型）。

2）确定函数中需要哪些参数（传递数据类型）。

3）确定参数传递的种类（IN 或 OUT 参数）。

4）确定需要的是局部还是全局函数。

5）将主程序载入编辑器。

6）创建函数调用。

7）关闭并保存主程序。

8）创建函数（全局或局部）。

9）将函数载入编辑器。

10）在 DEFFCT 行中补充数据类型、变量及 IN/OUT。

11）创建 RETURN（return_value）行。

12）关闭并保持函数。

4.4.5　KUKA 标准函数

1. KUKA 标准函数分类

（1）数学函数　见表 4-7。

表 4-7

数学函数	说　明
ABS（x）	绝对值
SQRT（x）	平方根
SIN（x）	正弦
COS（x）	余弦
TAN（x）	正切
A COS（x）	反余弦
ATAN2（y，x）	反正切

（2）字符串变量函数　见表 4-8。

表　4-8

字符串变量函数	说　明
StrDeclLen（x）	声明时确定字符串长度
StrLen（x）	初始化后的字符串变量长度
StrClear（x）	删除字符串变量的内容
StrAdd（x，y）	扩展字符串变量
StrComp（x，y，z）	比较字符串变量的内容
StrCopy（x，y）	复制字符串变量

（3）信息输出函数　见表 4-9。

表　4-9

信息输出函数	说　明
Set_KrlMsg（a，b，c，d）	设置信息
Set_KrlDLg（a，b，c，d）	设置对话
Exists_KrlMsg（a）	检查信息
Exists_KrlDlg（a，b）	检查对话
Clear_KrlMsg（a）	删除信息
Get_MsgBuffer（a）	读取信息缓存器

2. KUKA 标准函数的特点

（1）每一标准函数均用传递参数调出

1）带固定值。

result=SQRT（16）

2）简单数据类型变量。

result=SQRT（X）

3）数组变量。

result=StrClear（Name[]）

4）枚举数据类型变量。

5）结构变量。

6）带多个不同变量。

result=Set_KrlMsg（#QUIT，message_parameter，parameter[]，option）

 message_parameter、parameter[1…3]和 option 是预定义的 KUKA 结构

（2）每个函数均需要一个可将该函数的结果储存其中的合适变量

1）数学函数返回一个实数（REAL）值。

2）字符串函数返回布尔（BOOL）或 INT 值。

; 删除字符串

result=StrClear（Name[]）

3）信息函数返回布尔（BOOL）或 INT 值。

```
; 删除信息提示（BOOL: 已删除？）
result=Clear_KrlMsg（Rueckwert）
```

4.5 用 KRL 进行运动编程

4.5.1 借助 KRL 给运动编程

运动所需设置的参数和应该注意的因素有：

1）运动方式 PTP、LIN、CIRC。

2）目标位置，必要时还有辅助位置。

3）精确暂停或轨迹逼近。

4）轨迹逼近距离。

5）速度-PTP（%）和轨迹运动（m/s）。

6）加速度。

7）工具-TCP 和负载。

8）工作基坐标。

9）机器人外部工具。

10）沿轨迹运动时的姿态引导。

1. 运动编程

（1）运动方式 PTP

1）PTP 目标点<C_PTP<轨迹逼近>>。各元素说明见表 4-10。

表 4-10

元　素	说　　明
目标点	类型：POS E6POS、AXIS、E6AXIS、FRAME 目标点可用笛卡儿或轴坐标给定。笛卡儿坐标基于 BASE 坐标系（即基坐标系） 如果未给定目标点的所有分量，则控制器将把前一个位置的值应用于缺少的分量
C_PTP	使目标点被轨迹逼近 在 PTP-PTP 轨迹逼近中只需要 C_PTP 的参数。在 PTP-CP 轨迹逼近中，即轨迹逼近的 PTP 语句后还跟着一个 LIN 或 CIRC 语句。还要附加轨迹逼近的参数
轨迹逼近	仅适用于 PTP-CP 轨迹逼近。用该参数定义最早何时开始轨迹逼近。可能的参数： 1）C_DIS，距离参数（默认）：轨迹逼近最早开始于目标点的距离低于 $APO.CDIS 的值时 2）C_ORI，姿态参数：轨迹逼近最早开始于主导姿态角低于 $APO.COPI 的值时 3）C_VEL，速度参数：轨迹逼近最早开始于朝向目标点的减速阶段中速度低于 $APO.CVEL 的值时

2）机器人运动到 DAT 文件中的一个位置；该位置已事先通过联机表单示教给机器人，机器人轨迹逼近 P3 点。

```
PTP XP3 C_PTP
```

3）机器人运动到输入的位置。

4）轴坐标（AXIS 或 E6AXIS）：

```
PTP{A1 0, A2-80, A3 75, A4 30, A5 30, A6 110}
```

5）空间位置：

PTP{X 100，Y -50，Z 1500，A 0，B 0，C 90，S 3，T3 35}

6）机器人仅在输入一个或多个集合时运行。

PTP{A1 30}；仅 A1 移动至 30°

PTP{X 200，A 30}；仅在 X 至 200mm，A 至 30°

（2）运动方式 LIN

1）LIN 目标点<轨迹逼近>。各元素说明见表 4-11。

表 4-11

元　素	说　明
目标点	类型：POS、E6POS、FRAME 如果未给定辅助点的所有分量，则控制器将把前一个位置的值应用于缺少的分量 在 POS 或 E6POS 型的一个目标点内，有关状态和转角方向数据在 LIN 运动（以及 CIRC 运动）中被忽略 坐标值基于基坐标系（BASE）
轨迹逼近	该参数使目标点被轨迹逼近。同时用该参数定义最早何时开始轨迹逼近。可能的参数： 1）C_DIS，距离参数：轨迹逼近最早开始于与目标点的距离低于$APO.CDIS 的值时。 2）C_ORI，姿态参数：轨迹逼近最早开始于主导姿态低于$APO.CORI 的值时。 3）C_VEL，速度参数：轨迹逼近最早开始于朝向目标点的减速阶段中速度低于$APO.CVEL 的值时。

2）机器人运行到一个算出的位置并轨迹逼近点 ABLAGE[4]。

LIN ABLAGE[4] C_DIS

（3）运动方式 CIRC

1）CIRC 辅助点，目标点<，CA 圆心角><轨迹逼近>。各元素说明见表 4-12。

表 4-12

元　素	说　明
辅助点	类型：POS、E6POS、FRAME 如果未给定辅助点的所有分量，则控制器将把前一个位置的值应用于缺少的分量 一个辅助点内的姿态角以及状态和数据原则上均被忽略 不能轨迹逼近辅助点，始终精确运行到该点 坐标值基于基坐标（BASE）
目标点	类型：POS、E6POS、FRAME 如果未给定辅助点的所有分量，则控制器将把前一个位置的值应用于缺少的分量 在 POS 或 E6POS 型的一个目标点内，有关状态和转角方向数据在 CIRC 运动（以及 LIN 运动）中被忽略 坐标值基于基坐标（BASE）
圆心角	给出圆周运动的总角度。单位：度（°）。一个圆心角可大于 360° 1）正圆心角：沿"起点">"辅助点">"目标点"，方向绕圆周轨道移动 2）负圆心角：沿"起点">"目标点">"辅助点"，方向绕圆周轨道移动
轨迹逼近	该参数使目标点被轨迹逼近。同时用该参数定义最早何时开始轨迹逼近。可能的参数： 1）C_DIS，距离参数：轨迹逼近最早开始于与目标点的距离低于$APO.CDIS 的值时 2）C_ORI，姿态参数：轨迹逼近最早开始于主导姿态角低于$APO.CORI 的值时 3）C_VEL，速度参数：轨迹逼近最早开始于朝向目标点的减速阶段中速度低于$APO.CVEL 的值时。

2）机器人运动到 DAT 文件中的一个位置；该位置已事先通过联机表单示教给机器人，

机器人运行一段对应 190° 圆心角的弧段。

CIRC XP3，XP4，CA 190

3）圆心角 CA：

① 正圆心角（CA>0）：沿着编程设定的转向做圆周运动：起点—辅助点—目标点，如图 4-9 所示。

② 负圆心角（CA<0）：逆着编程设定的转向做圆周运动：起点—目标点—辅助点，如图 4-10 所示。

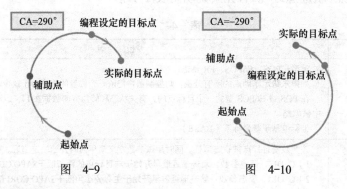

图 4-9　　　　　　　　图 4-10

2. 运动参数的功能

（1）运动编程的预设置

1）可以应用现有的设置：

① 从 INI 行的运行中。

② 从最后一个联机表单中。

③ 从相关系统变量的最后设置中。

2）更改或初始化相关的系统变量。

（2）运动参数的系统变量

1）工具：$TOOL 和$LOAD。

① 激活所测量 TCP：

$TOOL=tool_data[x]；x=1，…，16

② 激活所属的负载数据：

$LOAD=load_data[x]；x=1，…，16

2）参考基坐标/工作基坐标：$BASE。

激活所测量的基坐标：

$BASE=base_data[x]；x=1，…，16

3）机器人引导型或外部工具：$IPO_MODE。

① 机器人引导型工具：

$IPO_MODE=#BASE

② 外部工具：

$IPO_MODE=#TCP

4）速度。

① 进行 PTP 运动时：

$VEL_AXIS[x]；x=1，…，8，针对每根轴
　　② 进行轨迹运动 LIN 或 CIRC 时：

$VEL.CP=2.0；轨迹速度（m/s）
$VEL.ORI1=150；回转速度（°/s）

$VEL.ORI2=200；转速（°/s）

　　5）加速。
　　① 进行 PTP 运动时：

$ACC.AXIS[x]；x=1，…，8，针对每根轴
　　② 进行轨迹运动 LIN 或 CIRC 时：

$ACC.CP=2.0；（m/s^2）轨迹加速度

$ACC.ORI1=150；（°/s^2）回转加速度

$ACC.ORI2=200；（°/s^2）转动加速度

　　6）圆滑过渡距离。
　　① 仅限于进行 PTP 运动时，C_PTP：

PTP XP3 C_PTP
$APO_CPTP=50；C_PTP 的轨迹逼近大小，单位（%）

　　② 进行轨迹运动 LIN、CIRC 和 PTP 时，C_DIS 与目标点的距离必须低于$APO.CDIS
的值。

PTP XP3 C_DIS
LINE XP4 C_DIS
$APO.CDIS=250.0；距离（mm）

　　③ 进行轨迹运动 LIN、CIRC 时，C_ORI 主导姿态角必须低于$APO.CORI 的值。

LINE XP4 C_ORI
$APO.CORI=50.0；角度（°）

　　④ 进行轨迹运动 LIN、CIRC 时，C_VEL 在驶向目标点的减速阶段中速度必须低于
$APO.CVEL 的值。

LINE XP4 C_VEL
$APO.CVEL=75.0；百分数（%）

　　7）姿态引导：仅限进行 LIN 和 CIRC 时。
　　进行 LIN 和 CIRC 时，$ORI_TPYE：

$ORI_TYPE=#CONSTANT

　　该程序中，机器人在进行轨迹运动时姿态始终保持不变。如图 4-11 所示。

图 4-11

$ORI_TYPE=#VAR

在进行轨迹运动时，姿态会根据目标点的姿态不断地自动改变。如图 4-12 所示。

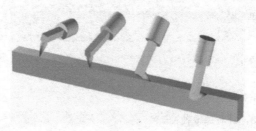

图 4-12

$ORI_TYPE=#JOINT

在进行轨迹运动期间，工具的姿态从起始位置至终点位置不断地被改变。这是通过手轴角度的线性超控引导来实现的。手轴奇点问题可通过该选项予以避免，因为绕工具作业方向旋转和回转不会进行姿态引导，仅限于 CIRC：$CIRC_TPYE。

 如果通过$ORI_TYPE=#JOINT 进行手轴角度的超控引导，则变量$CIRC_TYPE 就没有意义了。

$CIRC_TYPE=#PATH

圆周运动期间以轨迹为参照的姿态引导，如图 4-13 所示。

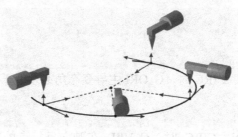

图 4-13

$CIRC_TYPE=#BASE

圆周运动期间以空间为参照的姿态引导，如图 4-14 所示。

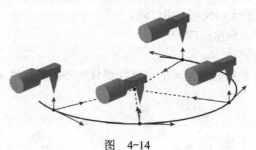

图 4-14

3. 用 KRL 给运动编程时的操作步骤

1）作为专家借助"打开"键将程序载入编辑器中。

2）检查、应用或重新初始化运动编程的预设定值，如工具（$TOOL 和$LOAD）、基坐标设置（$BASE）、机器人引导型或外部工具（$IPO_MODE）、速度、加速度、轨迹逼近距离、姿态引导。

3）创建由以下部分组成的运动指令：

① 运动方式（PTP、LIN、CIRC）。

② 目标点（采用 CIRC 时还有辅助点）。

③ 采用 CIRC 时可能还有圆心角（CA）。

④ 激活轨迹逼近（C_PTP、C_DIS、C_ORI、C_VEL）。

4）重新运动时返回点 3。

5）关闭编辑器并保存。

4.5.2 借助 KRL 给相对运动编程

1. 运动方式

（1）绝对运动（图 4-15）

PTP {A3 45}

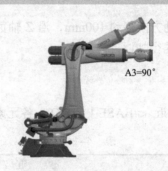

图　4-15

（2）相对运动（图 4-16）

PTP_REL {A3 45}

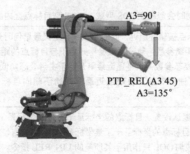

图　4-16

2. 相对运动

 REL 指令始终针对机器人的当前位置。因此，当一个 REL 运动中断时，机器人将从中断位置出发再进行一个完整的 REL 运动。

（1）相对运动 PTP_REL

1）PTP_REL 目标点<C_PTP<轨迹逼近>各元素说明见表 4-13。

表 4-13

元　素	说　明
目标点	类型：POS、E6POS、AXIS、E6AXIS 目标点可用，笛卡儿或轴坐标给定。控制器将坐标解释为相对于当前位置的坐标。笛卡儿坐标基于 BASE 坐标系，即基坐标系 如果未给定目标点的所有分量，则控制器将缺少的分量值设置为 0，即这些分量的绝对值保持不变
C_PTP	使目标点轨迹逼近 在 PTP-PTP 轨迹逼近中只需要 C_PTP 的参数。在 PTP-CP 轨迹逼近中，即轨迹逼近的 PTP 语句后还跟着一个 LIN 或 CIRC 语句，还要附加轨迹逼近的参数
轨迹逼近	仅适用于 PTP-CP 轨迹逼近。用该参数定义最早何时开始轨迹逼近。可能的参数： 1）C_DIS，距离参数（默认）：轨迹逼近最早开始于与目标点的距离低于 $APO.CDIS 的值时 2）C_ORI，姿态参数：轨迹逼近最早开始于主导姿态角低于 $APO.CORI 的值时 3）C_VEL，速度参数：轨迹逼近最早开始于朝向目标点的减速阶段中速度低于 $APO.CVEL 的值时

2）轴 2 沿负方向移动 30°，其他的轴都不动。

`PTP_REL {A2-30}`

3）机器人从当前位置沿 X 轴方向移动 100mm，沿 Z 轴负方向移动 200mm。Y、A、B、C 和 S 保持不变。T 将根据最短路径加以计算。

`PTP_REL{X100，Z-200}`

（2）相对运动 LIN_REL

1）LIN_REL 目标点<轨迹逼近><#BASE｜#TOOL>各元素说明见表 4-14。

表 4-14

元　素	说　明
目标点	类型：POS、E6POS、FRAME 目标点可用笛卡儿或轴坐标给定。控制器将坐标解释为相对于当前位置的坐标。笛卡儿坐标基于 BASE 坐标系或者工具坐标系 如果未给定目标点的所有分量，则控制器自动将缺少的分量值设置为 0，即这些分量的绝对值保持不变 进行 LIN 运动时会忽略在 POS 型或 E6POS 型目标点之内的状态和转角方向数据
轨迹逼近	该参数使目标点被轨迹逼近，同时用该参数定义最早何时开始轨迹逼近。可能的参数： 1）C_DIS，距离参数：轨迹逼近最早开始于与目标点的距离低于 $APO.CDIS 的值时 2）C_ORI，姿态参数：轨迹逼近最早开始于主导姿态角低于 $APO.CORI 的值时 3）C_VEL，速度参数：轨迹逼近最早开始于朝向目标点的减速阶段中速度低于 $APO.CVEL 的值时
#BASE、#TOOL	1）#BASE：默认设置。目标点的坐标基于 BASE 坐标系（即基坐标系） 2）#TOOL：目标点的坐标基于工具坐标系 参数#BASE 或#TOOL 只作用于其所属的 LIN_REL 指令。它对之后的指令不起作用

2）TCP 从当前位置沿工具坐标系中的 X 轴方向移动 100mm，沿 Z 轴负方向移动 200mm。Y、A、B、C 和 S 保持不变。T 则从运动中得出。

`LIN_REL {X 100，Z -200}；#BASE 为默认设置`

3）TCP 从当前位置沿工具坐标系中的 X 轴负方向移动 100mm。Y、A、B、C 和 S 保持不变。T 则从运动中得出。下面示例适用于使工具沿作业方向的反方向。前提是已经在 X 轴方向测量过工具作业方向。

```
LIN_REL {X 100}；#TOOL
```

（3）相对运动 CIRC_REL

1）CIRC_REL 辅助点，目标点<，CA 圆心角><轨迹逼近>各元素说明见表 4-15。

表 4-15

元素	说明
辅助点	类型：POS、E6POS、FRAME 辅助点必须用笛卡儿坐标给出。控制器将坐标解释为相对于当前位置的坐标。坐标值基于坐标系（BASE） 如果给出$ORI_TYPE、状态和/或转角方向，则会忽略这些数值 如果未给定辅助点的所有分量，则控制器将缺少的分量值设置为 0，即这些分量的绝对值保持不变 辅助点内的姿态角以及状态和转角方向的数值被忽略
目标点	类型：POS、E6POS、FRAME 目标点必须用笛卡儿给定。控制器将坐标解释为相对于当前位置的坐标。坐标值基于坐标系（BASE） 如果未给定目标点的所有分量，则控制器自动将缺少的分量值设置为 0 即这些分量的绝对值保持不变 忽略在 POS 型或 E6POS 型目标点之内的状态和转角方向数据
圆心角	给出圆周运动的总角度。由此可超出编程的目标点延长运动或相反缩短行程。因此使实际的目标点与编程设定的目标点不相符 1）正圆心角：沿起点>辅助点>目标点 方向绕圆周轨道移动 2）负圆心角：沿起点>目标点>辅助点 方向绕圆周轨道移动
轨迹逼近	该参数使目标点被轨迹逼近，同时用该参数定义最早何时开始轨迹逼近。可能的参数： 1）C_DIS，距离参数：轨迹逼近最早开始于与目标点的距离低于$APO.CDIS 的值时 2）C_ORI，姿态参数：轨迹逼近最早开始于主导姿态角低于$APO.CORI 的值时 3）C_VEL，速度参数：轨迹逼近最早开始于朝向目标点的减速阶段中速度低于$APO.CVEL 的值时

2）圆周运动的目标点用过 500° 的圆心角加以规定。目标点被轨迹逼近。

```
CIRC_REAL{X 100，Y 30，Z -20}，{Y 50}，CA 500 C_VEL
```

3. 用 KRL 给运动编程时的操作步骤

1）作为专家借助"打开"键将程序载入编辑器中。

2）检查、应用或重新初始化运动编程的预设定值：工具（$TOOL 和$LOAD）、基坐标设置（$BASE）、机器人引导型或外部工具（$IPO_MODE）、速度、加速度、轨迹逼近距离、姿态引导。

3）创建由以下部分组成的运动指令：运动方式（PTP_REL、LIN_REL、CIRC_REL），目标点（采用 CIRC 时还有辅助点），采用 LIN 时选择参照系（#BASE 或#TOOL），采用 CIRC 时可能还有圆心角（CA），激活轨迹逼近（C_PTP、C_DIS、C_ORI、C_VEL）。

4）重新运动时返回点 3。

5）关闭编辑器并保存。

4.5.3 计算或操纵机器人的位置

1. 机器人的目标位置

（1）使用以下几种结构存储

1）AXIS/E6AXIS，轴角（A1，…，A6，也可能是 E1，…，E6）。

2）POS/E6POS，位置（X，Y，Z），姿态（A，B，C）以及状态和转角方向（S，T）。

3）FRAME，仅位置（X，Y，Z）和姿态（A，B，C）。

（2）可以操纵 DAT 文件中的现有位置。

（3）现有位置上的单个集合可以通过点号有针对性地加以更改。

2. 重要的系统变量

1）$POS_ACT：当前的机器人位置。变量（E6POS）指明 TCP 基于基坐标系的额定位置。

2）$AXIS_ACT：基于轴坐标的当前机器人位置（额定值）。

3）变量（E6AXIS）包含当前的轴角或轴位置。

4）计算绝对目标位置。

5）一次性更改 DAT 文件中的位置。

```
XP1.x=450；新的 X 值 450mm
XP1.z=30*distance；计算新的 Z 值
PTP XP1
```

6）每次循环时都更改 DAT 文件中的位置。

```
；X 值每次 450mm
XP2.x=XP2.x+450
PTP XP2
```

7）位置被应用，并被保存在一个变量中。

```
myposition=XP3
mypositon.x=myposition.x+100；给 X 值加上 100mm
mypositon.z=10*distance；计算新的 Z 值
mypositon.t=35；设置转角方向值
PTP XP3；位置未改变
PTP myposition；计算出的位置
```

3. 操作步骤

1）作为专家借助"打开"键将程序载入编辑器中。

2）计算/操纵位置。新计算得出的值可能要暂存在新的变量中。

3）检查、应用或重新初始化运动编程的预设定值：

工具（$TOOL 和 $LOAD）、基坐标设置（$BASE）、机器人引导型或外部工具（$IPO_MODE）、速度、加速度、轨迹逼近距离、姿态引导。

4）创建由以下部分组成的运动指令：运动方式（PTP、LIN、CIRC），目标点（采用 CIRC 时还有辅助点），采用 CIRC 时可能还有圆心角（CA），激活轨迹逼近（C_PTP、C_DIS、C_ORI、C_VEL）。

5）重新运动时返回点 3。

6）关闭编辑器并保存。

4.6 系统变量编程

1. 用 KUKA 系统计时器测量节拍时间

KUKA 系统计时器如图 4-17 所示。

图　4-17

1）通过秒表记录 32 次节拍时间，并用系统变量$TIMER[Nr]存储，用于测量时间进程。过程如下：

$TIMER[1]
$TIMER[2]
…
$TIMER[32]

 计时器$TIMER[Nr]的数值输入/显示都以 ms 为单位。

2）通过 KRL 起动和停止计时器。

① 启动：$TIMER_STOP[Nr]=FALSE。

② 停止：$TIMER_STOP[Nr]=TRUE。

 计时器也可通过显示窗口手动初始化、起动和停止。

2. 计时器的预设

1）交货时计时器的预设为 0ms。

2）计时器保持其当前值。

3）可将计时器往前或后调到任意一个值。

```
; 计时器 5 预设为 0ms
$TIMER[5]=0
; 计时器 5 设定为 1.5s
$TIMER[5]=1500
; 计时器 4 回调至-8s
$TIMER[4]=-8000
```

4）计时器复位和起动。

```
; 计时器 7 复位至 0
$TIMER[7]=0
; 启动计时器 7
$TIMER_STOP[7]=FALSE
```

5）停止计时器并接着进行比较。

```
; 计时器 7 计时中
…
; 停止计时器 7
$TIMER_STOP[7]=TRUE
; 10s 或更多时……
IF $TIMER[7] >=1000 THEN
…
```

 计时器的起动和停止始终通过预进指针实现

3. 测量节拍时间的操作步骤

1）从 32 种可能的计时器中选择一个"空闲"计时器。

2）计时器预设/重置。

3）在注意预进指针的情况下起动计时器。

4）在注意预进指针的情况下停止计时器。

5）保存当前的节拍时间或者重新预设计时器。

```
DEF MY_TIME（）
…
INI
$TIMER [1]=0; 复位计时器? 1
PTP HOME Vel=100% DEFAULT

WAIT SEC 0; 触发预进停止
$TIMER_STOP[1]=FALSE; 开始节拍时间测量

PTP XP1
PTP XP2
LIN XP3
…
PTP X50
PTP HOME Vel=100% DEFAULT

WAIT SEC 0; 触发预进停止
$TIMER_STOP[1]=TRUE; 结束节拍时间测量
; 当前节拍时间临时保存在计时器 12 中
$TIMER[12] =$TIMER [1]
END
```

4.7 程序流程控制

4.7.1 IF 分支的编程

IF 分支用于将程序分为多个路径。IF 指令会对可能为真（TRUE）或为假（FALSE）的条件进行检查，借此来判断是否执行指令。

IF 分支语句格式如下：

IF…THEN

…

ELSE

…

ENDIF

IF 分支程序流程图如图 4-18 所示。

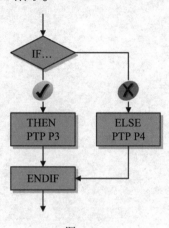

图　4-18

1. IF 分支语句的类型

（1）带选择分支语句

IF condition THEN

instruction

ELSE

；指令

ENDIF

（2）无选择分支语句（询问）

IF condition THEN

；指令

ENDIF

2. IF 分支示例

（1）没有可选分支的 IF 分支

DEF MY_PROG（）

DECL INT error_nr

…

INI

Error_nr=4

…

；仅在 error_nr 5 时驶至 P21

```
IF error_nr== 5 THEN
PTP P21 Vel=100% PDAT21
ENDIF
…
END
```

（2）有可选分支的 IF 分支

```
DEF MY_PROG（ ）
DECL INT error_nr
…
INI
Error_nr=4
…
; 仅在 error_nr 5 时驶至 P21，否则 P22
IF error_nr== 5 THEN
PTP P21 Vel=100% PDAT21
ELSE
PTP P22 Vel=100% PDAT22
ENDIF
…
END
```

（3）有复杂执行条件的 IF 分支

```
DEF MY_PROG（ ）
DECL INT error_nr
…
INI
Error_nr=4
…
; 仅在 error_nr 1 或 10 或大于 99 时驶向 P21
IF （（error_nr==1）OR（error_nr==10）OR
（error_nr>99）） THEN
PTP P21 Vel=100% PDAT21
ENDIF
…
END
```

（4）有布尔表达式的 IF 分支

```
DEF MY_PROG（ ）
DECL BOOL no_error
…
INI
no_error =TRUE
…
; 仅在无故障（no_error）时驶至 P21
```

```
IF no_error==TRUE  THEN
PTP P21 Vel=100% PDAT21
ENDIF
…
END
```

> **i** 表达式 IF no_error==TRUE THEN 也可以简化为 IF no_error THEN。省略始终表示比较为真（TRUE）。

4.7.2　循环编程

循环用于重复程序指令，不允许从外部跳入循环结构中。循环可互相嵌套。循环类型有无限循环、计数循环和条件循环。

1.　无限循环

无限循环是每次运行完之后都会重新运行的循环。运行过程可通过外部控制而终止。

（1）无限循环语句格式

```
LOOP
；指令
…
；指令
ENDLOOP
```

（2）无限循环程序流程图（图 4-19）

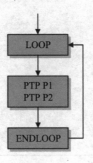

图　4-19

1）无限循环可直接用 EXIT 退出。

2）用 EXIT 退出无限循环时必须注意避免碰撞。

3）如果两个无限循环互相嵌套，则需要两个 EXIT 指令以退出两个循环。

（3）无限循环编程的示例

1）无中断的无限循环。

```
DEF MY_PROG（）
INI
PTP HOME Vel=100% DEFAULT

LOOP
```

```
PTP P1 Vel=90% PDAT1
PTP P2 Vel=100% PDAT2
PTP P3 Vel=50% PDAT3
PTP P4 Vel=100% PDAT4
ENDLOOP

PTP P5 Vel=30% PDAT5
PTP HOME Vel=100% DEFAULT
END
```

 以上示例中机器人从不驶至点 P5。

2）带中断的无限循环。

```
DEF MY_PROG（ ）
INI
PTP HOME Vel=100% DEFAULT

LOOP
PTP P1 Vel=90% PDAT1
PTP P2 Vel=100% PDAT2
IF $IN[3]==TRUE THEN；中断的操作
EXIT
ENDIF
PTP P3 Vel=50% PDAT3
PTP P4 Vel=100% PDAT4
ENDLOOP

PTP P5 Vel=30% PDAT5
PTP HOME Vel=100% DEFAULT
END
```

 只要输入端 3 激活，则会驶至点 P5。

重要提示：对于 P2 和 P5 之间的运动必须检查是否会发生碰撞。

2. 计数循环

（1）计数循环概述

1）FOR 循环是一种可以通过规定重复次数执行一个或多个指令的控制结构。

2）步幅为+1 时的句法：

```
FOR counter =start TO last
；指令
ENDFOR
```

3）步幅（increment）也可通过关键词 STEP 指定为某个整数。

```
FOR counter=start TO last STEP increment
```

```
; 指令
ENDFOR
```

（2）计数循环程序流程图（图 4-20）

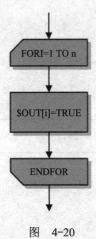

图 4-20

1）要进行计数循环则必须事先声明一个整数变量。

2）该计数循环从值等于 start 时开始并最迟于值等于 last 时结束。

```
FOR counter=start TO last
; 指令
ENDFOR
```

3）该计数循环可借助 EXIT 立即退出。

（3）计数循环的工作过程

```
DECL INT counter

FOR counter=1 TO 3 Step 1
; 指令
ENDFOR
```

1）循环计数器用起始值进行初始化：counter=1。

2）循环计数器在 ENDFOR 时会以步幅 STEP 递增计数。

3）循环又从 FOR 行开始。

4）检查进入循环的条件：计数变量必须小于等于指定的终值，否则会结束循环。

5）根据检查结果的不同，循环计数器会再次递增计数或结束循环。结束循环后程序在 ENDFOR 行后继续运行。

（4）使用计数循环进行递减计数

```
DECL INT counter

FOR counter=15 TO 1 Step -1
; 指令
ENDFOR
```

循环的初始值或者起始值必须大于等于终值，以便循环能够多次运行。

（5）计数循环编程示例

1）没有指定步幅的单层计数循环。

```
DECL INT counter

FOR counter=1 TO 50
$OUT[counter]==FALSE
ENDFOR
```

 没有借助 STEP 指定步幅时，会自动使用步幅+1。

2）指定步幅的单层计数循环。

```
DECL INT counter

FOR counter=1 TO 4 STEP 2
$OUT[counter]==TRUE
ENDFOR
```

 该循环只会运行两次。一次以起始数值 counter=1，另一次则以 counter=3。计数值为 5 时，循环立即终止。

3）指定步幅的双层计数循环。

```
DECL INT counter1，  counter2

FOR counter=1 TO 21 STEP 2
FOR counter2=20 TO 2 STEP -2

  …
ENDFOR
ENDFOR
```

 每次都会先运行内部循环（此处以 counter1），然后运行外部循环（counter2）。

3. 条件循环

（1）当型循环

当型循环也被称为前测试循环，这种循环会一直重复过程，直至满足某一条件（condition）为止。

1）当型循环指令格式：

```
WHILE condition
; 指令
ENDWHILE
```

当型循环可通过 EXIT 指令立即退出。

2）当型循环流程图如图 4-21 所示。

① 当型循环用于先检测是否开始某个重复过程。

② 如果完成循环，必须满足执行条件。

③ 执行条件不满足时会导致立即结束循环，并执行 ENDWHILE 后的指令。

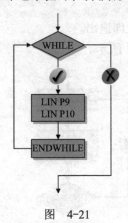

图 4-21

3）当型循环编程示例

① 具有简单执行条件的当型循环。

```
…
WHILE IN[41]= =TRUE；部件备好在库中
PICK_PART（）
ENDWHILE
…
```

② 具有简单否定型执行条件的当型循环。

```
…
WHILE NOT IN[42]= =TRUE；输入端 42：库为空
PICK_PART（）
ENDWHILE…
```

或

```
…
WHILE IN[42]==FALSE；输入端 42：库为空
PICK_PART（）
ENDWHILE…
```

③ 具有复合执行条件的当型循环。

```
…
WHILE（（IN[42]==TRUE）AND（IN[41]==FALSE）OR（counter>20））
PALETTE（）
ENDWHILE
…
```

（2）直到型循环

直到型循环也称为后测试循环，这种直到型循环先执行指令，在结束时测试退出循环的条件（CONDITION）是否已经满足。

1）直到型循环指令格式：

```
REPEAT
; 指令
UNTIL condition
```

直到型循环可通过 EXIT 指令立即退出。

2）直到型循环流程图如图 4-22 所示。

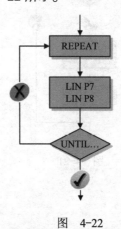

图 4-22

3）直到型循环的编程示例

① 具有简单执行条件的直到型循环。

```
…
REPEAT
PICK_PART（ ）
UNTIL IN[42]==TRUE; 输入端 42： 库为空
…
```

② 具有复杂执行条件的直到型循环。

```
…
REPEAT
PALETTE（ ）
UNTIL（（ IN[42]==TRUE ）AND（ IN[41]==FALSE ）OR （ counter>20 ））
…
```

 结果为正时将结束循环！

4.7.3 等待函数编程

KRL 可为时间等待函数和信号等待函数编程。

1. 时间等待函数

在过程可以继续运行前，时间等待函数等待指定的时间（time）。

（1）时间等待函数指令格式

```
WAIT SEC time
```

（2）时间等待函数编程

1）时间等待函数的单位为 s。

 KUKA 计时器（$TIMER[Nr]）的时间单位为 ms。

2）最长时间为 2147484s，相当于 24 天多。

 时间等待函数的联机表单最多可等待 30s。

3）时间值也可用一个合适的变量来确定。

4）最短的有意义的时间单元是 0.012s（IPO 节拍）。

5）时间等待函数触发预进停止，因此无法轨迹逼近。

6）为了直接生成预进停止，可使用指令 WAIT SEC 0。

（3）时间等待函数编程示例

1）具有固定时间的时间等待函数。

```
PTP P1 Vel=100% PDAT1
PTP P2 Vel=100% PDAT2
WAIT SEC 5.25
PTP P3 Vel=100% PDAT3
```

上述示例运行轨迹如图 4-23 所示，在点 P2 处中断运动 5.25s。

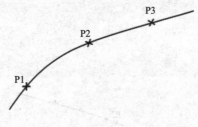

图　4-23

2）具有计算出时间的时间等待函数。

```
WAIT SEC 3*2.5
```

3）具有变量的时间等待函数。

```
DECL REAL time
Time=12.75
WAIT SEC time
```

2．信号等待函数

信号等待函数在满足条件（condition）时才切换到继续进程，使过程得以继续。

（1）信号等待函数指令格式

```
WAIT FOR condition
```

（2）信号等待函数编程

1）信号等待函数触发预进停止，因此无法轨迹逼近。

2）尽管已满足了条件，仍生成预进停止。

3）用指令 CONTINUE 可阻止预进停止。

带预进的逻辑运动及说明如图 4-24 和表 4-16 所示。

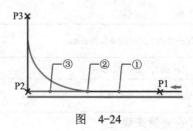

图 4-24

表 4-16

位　置	位　置	切换区域
1	满足机器人进行轨迹逼近条件的机器人位置	激活轨迹逼近轮廓的绿色切换区域
2	轨迹逼近运动的起点	询问是否激活 TRUE：轨迹逼近 FALSE：运动至目标点
3	满足机器人不进行轨迹逼近条件的机器人位置	运动至并停止在 P2 点的蓝色切换区域

（3）给信号等待函数编程示例

1）带预进停止的 WAIT FOR。如图 4-25 和表 4-17 所示。

```
PTP P1 Vel=100% PDAT1
PTP P2 CONT Vel=100% PDAT2
WAIT FOR $IN[21]
PTP P3 Vel=100% PDAT3
```

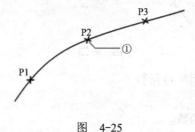

图 4-25

表 4-17

位　置	位　置
1	运动在 P2 点中断。精确暂停后对输入端进行检查。如果输入端状态正确，则可直接继续运行，否则会等待正确状态

2）在预进过程中加工的 WAIT FOR（使用 CONTINUE）。如图 4-26 和表 4-18 所示。

```
PTP P1 Vel=100% PDAT1
PTP P2 CONT Vel=100% PDAT2
CONTINUE
WAIT FOR（$IN[15] OR $IN[25]）
PTP P3 Vel=100% PDAT3
```

144

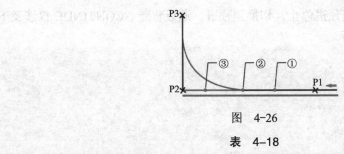

图 4-26

表 4-18

位 置	操 作
1	输入端 10 或者输入端 20 从预进指针开始便是或曾是 TRUE，因此会轨迹逼近
2	如果刚刚之前满足条件，则机器人会轨迹逼近
3	如果条件满足过迟，则机器人无法轨迹逼近并必须移至 P2 点，但在 P2 点上可立即重新继续运行

4.8　KRL 的切换函数

4.8.1　简单切换函数的编程

1. 简单切换函数

机器人控制系统最多可管理 4096 个数字输入端和 4096 个数字输出端。输入/输出端通过作为选项配备的现场总线系统实现。可根据用户要求进行专门配置。

（1）简单切换函数的用途

1）简单开/关一个输出端（含预进/预进停止）。

2）给输出端加上脉冲。

3）用主进指针来切换输出端（无预进停止）。

（2）简单开/关一个输出端

1）开启一个输出端。

```
$OUT[11]=TRUE
```

2）关闭一个输出端。

```
$OUT[11]=FALSE
```

3）通过输出端的切换将生成一个预进停止，因此不能进行轨迹逼近运动。如图 4-27 所示。

```
…
PTP P20 CONT Vel=100% PDAT20
$OUT[30]=TRUE
PTP P21 CONT Vel=100% PDAT21
```

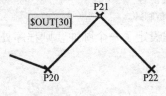

图 4-27

用指令 CONTINUE 可取消预进停止，切换到预进，逼近轨迹。CONTINUE 仅涉及下一行（包括空行）。如图 4-28 所示。

```
...
PTP P20 CONT Vel=100% PDAT20
CONTINUE
$OUT[30]=TRUE
PTP P21 CONT Vel=100% PDAT21
```

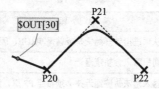

图　4-28

（3）用主进指针来切换（图 4-29）

1）最多可有 8 个输出端根据主进切换，不会引起预进停止。

2）如果编程设定了精确停止，则达到目标点时切换。

3）如果编程设定了轨迹逼近，则将在向目标点进行轨迹逼近运动的中点切换。

```
...
LIN P20 CONT Vel=100% PDAT20
$OUT_C[30]=TRUE
PTP P21 CONT Vel=100% PDAT21
```

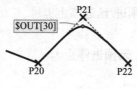

图　4-29

（4）给输出端加上脉冲

1）设定一个脉冲。

2）在此过程中，输出端在特定时间内设置为定义的电平。

3）此后输出端由系统自动复位。

4）PULSE（脉冲）指令触发一次预进停止。

指令格式如下：

PULSE

```
PULSE（$OUT[30]，TRUE，20）; 正脉冲
PULSE（$OUT[31]，FALSE，20）; 负脉冲
```

① 如果在结束指令之前编程设定了一个脉冲，则程序处理时间将相应延长。

```
...
PULSE（$OUT[50]，TRUE，2）
END
```

② 如果在脉冲激活状态将程序处理复位（RESET）或中断（CANCEL），则脉冲将立即复位。

```
...
PULSE（$OUT[50]，TRUE，2）
；现在程序复位或取消选择
```

2. 简单切换函数的编程示例

（1）带预进停止的输出端切换

```
...
LIN P20 CONT Vel=100% PDAT20
$OUT [50]=TRUE；接通
LIN P21 CONT Vel=100% PDAT21
$OUT [50]=FALSE；关闭
LIN P22 CONT Vel=100% PDAT22
```

（2）借助脉冲功能带预进停止的输出端切换

```
...
LIN P20 CONT Vel=100% PDAT20
PULSE（$OUT [50]，TRUE，1.5）；正脉冲
PULSE（$OUT [51]，FALSE，1.5）；负脉冲
LIN P21 CONT Vel=100% PDAT21
```

（3）在预进过程中的输出端切换

```
...
LIN P20 CONT Vel=100% PDAT20
CONTINUE
$OUT [50]=TRUE；接通
LIN P21 CONT Vel=100% PDAT21
CONTINUE
$OUT [50]=FALSE；断开
LIN P22 CONT Vel=100% PDAT22
```

（4）借助脉冲功能在预进过程中的输出端切换

```
...
LIN P20 CONT Vel=100% PDAT20
CONTINUE
PULSE（$OUT [50]，TRUE，1.5）；正脉冲
CONTINUE
PULSE（$OUT [51]，FALSE，1.5）；负脉冲
LIN P21 CONT Vel=100% PDAT21
```

（5）带主进的输出端切换

```
...
LIN P20 CONT Vel=100% PDAT20
$OUT_C [50]=TRUE
LIN P21 CONT Vel=100% PDAT21
```

4.8.2 使用 TRIGGER WHEN DISTANCE 语句并以轨迹为参照的切换函数编程

轨迹切换指令 TRIGGER 可以触发一个定义的指令。指令与运动语句的起点或目标点有关。指令与机器人运动同时执行。可以有切换点延迟。

1. 指令格式

TRIGGER WHEN DISTANCE=位置 DELAY=时间 DO 指令

（1）位置　规定在哪个点触发指令。可能的值：

1）0：指令在动作语句的起点处被触发。

2）1：指令在目标点处被触发。如果目标点是轨迹逼近形式，则指令将在该轨迹逼近弧形的中点处被触发。

（2）时间　以此可确定所选位置的延迟时间

1）可应用正值和负值。

2）时间以 ms 为单位。

3）可应用 10000000ms 及以下的时间值。

4）时间值过大或过小时最迟或最早将于切换极限处切换。

（3）指令　可行的方式有：

1）给一个变量赋值（注意：不能对运行时间变量赋值）。

2）OUT 指令。

3）PULSE 指令。

4）调出一个子程序。在此情况下，必须给明优先级。

（4）优先级（仅当调出一个子程序时）

1）有优先级 1、2、4～39 以及 81～128 可供选择。

2）优先级 40～80 预留给优先级由系统自动分配的情况。如果优先级应由系统自动给出，则应如下进行编程：PRIO=−1。

2. 用 TRIGGER WHEN DISTANCE 进行切换的编程示例

（1）起点和目标点均为精确停止点　如图 4-30 和表 4-19 所示。

```
LIN XP1
LIN XP2
TRIGGER WHEN DISTANCE=0 DELAY=20 DO nozzle=TRUE
TRIGGER WHEN DISTANCE=1 DELAY=-25 DO up() PRIO=75
LIN XP3
LIN XP4
```

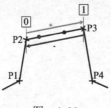

图 4-30

表 4-19

DISTANCE（距离）	切 换 区 域	延 迟
0（橙色）	0～1	+
1（蓝色）	1～0	−

（2）起点是轨迹逼近近点，目标点是精确停止点　如图 4-31 和表 4-20 所示。

```
LIN XP1
LIN XP2 C_DIS
TRIGGER WHEN DISTANCE=0 DELAY=20 DO nozzle=TRUE
WHEN DISTANCE=1 DELAY=-25 DO up1() PRIO=75
LIN XP3
LIN XP4
```

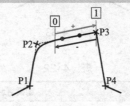

图　4-31

表　4-20

DISTANCE（距离）	切 换 区 域	延 迟
0（橙色）	0～1	+
1（蓝色）	1～0	−

（3）起点是精确停止点，目标点是轨迹逼近点　如图 4-32 和表 4-21 所示。

```
LIN XP1
LIN XP2
TRIGGER WHEN DISTANCE=0 DELAY=20 DO nozzle =TRUE
TRIGGER WHEN DISTANCE=1 DELAY=-25 DO up1() PRIO=75
LIN XP3 C_DIS
LIN XP4
```

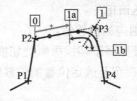

图　4-32

表　4-21

DISTANCE（距离）	切 换 区 域	延 迟
0（橙色）	0～1a	+
1（蓝色）	1a～1b	−/+

（4）起点和目标点均为轨迹逼近点　如图 4-33 和表 4-22 所示。

```
LIN XP1
LIN XP2 C_DIS
TRIGGER WHEN DISTANCE=0 DELAY=20 DO nozzle =TRUE
TRIGGER WHEN DISTANCE=1 DELAY=-25 DO up1() PRIO=75
LIN XP3 C_DIS
LIN XP4
```

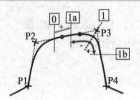

图　4-33

表　4-22

DISTANCE（距离）	切换区域	延迟
0（橙色）	0～1a	+
1（蓝色）	1a～1b	−/+

4.8.3　使用 TRIGGER WHEN PATH 语句并以轨迹为参照的切换函数编程

轨迹切换指令 TRIGGER 可以触发一个定义的指令。指令 PATH 与运动语句的目标点有关。指令与机器人运动同时执行。可以与切换点有空间和/或时间上的位移/延时。

 必须通过轨迹运动（LIN 或 CIRC）驶至目标点。该运动不允许是 PTP。

1.　指令格式

TRIGGER WHEN PATH=行程段　DELAY=时间 DO 指令

（1）行程段　确定相对目标点的位移。

1）正值：向运动结束方向推送该指令。

2）负值：向运动开始方向推送该指令。

3）可给出+/−10000000mm 范围内的位移值。

4）值过大或过小时，最迟或最早将于切换极限处切换。

（2）时间　在此通过 PATH 值确定至选定位置的位移时间。

1）可应用正值和负值。

2）可使用 10000000ms 以下的时间值。

3）时间值过大或过小时，最迟或最早将于切换极限处切换。

（3）指令

1）给一个变量赋值（注意，不能对运行时间变量赋值）。

2）OUT 指令。

3）PULSE 指令。

4）调用一个子程序。在此情况下，必须给明优先级。

（4）优先级（仅当调用一个子程序时）

1）有优先级 1、2、4~39 以及 81~128 可供选择。

2）优先级 40~80 预留给优先级由系统自动分配的情况。如果优先级应由系统自动给出，则应如下进行编程：PRIO=-1。

2. 编程示例

（1）朝运动结束方向位移　指令可最多执行至 TRIGGER WHEN PATH 后的第一个精确停止点（经过所有轨迹逼近点）。如图 4-34 所示。

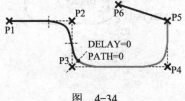

图　4-34

（2）朝运动起始方向位移　指令可最多执行至运动语句的起点，即至 TRIGGER WHEN PATH 前的最后一个点。

1）如果起点是一个精确停止点，则指令可最多执行至起点。如图 4-35 所示。

2）如果起点是一个轨迹逼近的 PTP 点，则指令最多可执行至其轨迹逼近圆弧末端。如图 4-36 所示。

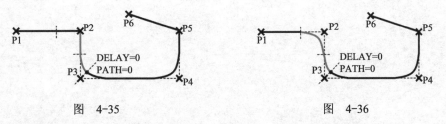

图　4-35　　　　　　　　　　　　　图　4-36

（3）向运动结束方向切换　如图 4-37 所示。

```
LIN XP2 C_DIS
TRIGGER WHEN PATH = Y DELAY = X DO $OUT[2] = TRUE
LIN XP3 C_DIS
LIN XP4 C_DIS
LIN XP5
LIN XP6
```

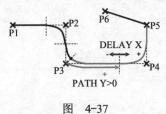

图　4-37

（4）向运动起始方向切换　如图 4-38 所示。

```
LIN XP2 C_DIS
TRIGGER WHEN PATH = Y DELAY = X DO $OUT[2] = TRUE
LIN XP3 C_DIS
LIN XP4 C_DIS
LIN XP5
LIN XP6
```

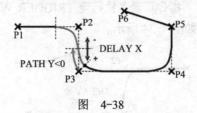

图　4-38

第 5 章

KUKA 机器人基本维护

- ➤ 操作中的安全设备
- ➤ 安全操作措施
- ➤ KR C4 计算机组件
- ➤ KR C4 的总线系统
- ➤ 网络技术基础
- ➤ 基于以太网的重要现场总线系统
- ➤ 故障诊断
- ➤ KR C4 保养
- ➤ WorkVisual 开发环境

5.1 操作中的安全设备

机器人系统必须始终装备相应的安全设备，例如隔离性防护装置（防护栅、门等）、紧急停止按键、制动装置、轴范围限制装置等，如图 5-1 所示。

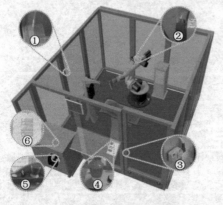

① 防护栅
② 轴 1、2 和 3 的机械终端止挡或者轴范围限制装置
③ 防护门及具有关闭功能监控的门触点
④ 紧急停止按钮（外部）
⑤ 紧急停止按钮、确认键、调用连接管理器的钥匙开关
⑥ 内置的（V）KR C4 安全控制器

图 5-1　培训间里的安全设备

5.2 安全操作措施

操作工业机器人时应采取的安全措施包括：

1）当机器工作结束后，机器人控制系统必须关机，并采取合适措施（例如用挂锁锁住）防止未经许可的重启。

2）操作人员对控制柜内进行操作时，须等待 5min，直至中间回路完全放电。

3）当操作或维护人员离开工作现场时，必须切断电源线的电压。

4）如果必须在机器人控制系统启动状态下开展作业，则只允许在运行方式 T1 下进行。

5）在设备上悬挂标牌用以表示正在执行的作业。暂时停止作业时也应将此标牌留在原位。

6）紧急停止装置必须处于激活状态。若因保养或维修工作需将安全功能或防护装置暂时关闭，在此之后必须立即重启。

7）已损坏的零部件必须采用具有同一部件编号的备件来更换，或者采用经库卡公司认可的同质外厂备件来替代。

8）必须按操作指南进行清洁养护工作。

9）在拆卸片状零部件时需穿戴劳保手套，以防锐边刮伤。

5.3 KR C4 计算机组件

5.3.1 控制系统计算机

1. 控制系统计算机组成

控制系统计算机由电源件、主板、DualNic 双网卡、RAM 存储器和硬盘构成。如图

5-2 所示。

控制系统 PC 组成
① 硬盘
② 主板
③ PC 接口
④ 处理器冷却器
⑤ PC 风扇
⑥ 计算机电源件

图　5-2

2. 控制系统计算机的功能

1) 通过中央处理器的第二核（RC，Robot Control，机器人控制）进行调节。

2) PLC（选项）与 RC 平行接收处理。

3) 控制系统计算机可调节与客户的内部和外部网络通信。

控制系统计算机接口及说明如图 5-3 和表 5-1 所示。

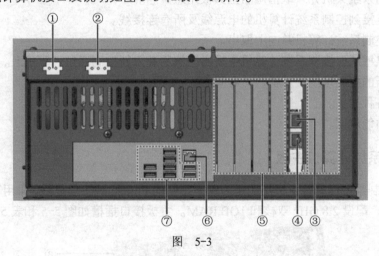

图　5-3

表　5-1

序　号	接　口	序　号	接　口
1	插头 X961 电源 DC24V	5	现场总线卡插座 1～7
2	PC 风扇的 X962 插头	6	现场总线卡插座 1～7
3	LAN 双网卡 DualNIC：库卡控制器总线→CCU X31	7	8 USB 2.0 端口
4	LAN 双网卡 DualNIC：库卡线路接口→以太网转换器		

计算机插槽分配及说明如图 5-4 和表 5-2 所示。

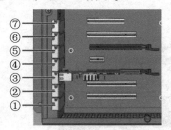

图 5-4

表 5-2

插　　槽	名　　称	插　　卡
1	PCI1	现场总线（选项）
2	PCI2	现场总线（选项）
3	PCIe16	LAN 双网卡 DualNIC
4	PCIe1	未使用
5	PCIe16	显卡（选项）
6	PCI3	现场总线（选项）
7	PCIe4	未使用

3. 控制系统计算机的更换步骤

1）将控制系统关机并采取措施防止其被无意重启。

2）拔出连接到控制系统计算机的电源线及所有连接线。

3）拆下控制系统计算机并向上取出。

4）将通风槽从旧控制系统计算机中拆出，然后装入新控制系统计算机上。

5）装入新的控制系统计算机，然后固定。

6）插好各种插头。

7）实施功能测试。

5.3.2　控制系统计算机主板

KR C4 控制系统计算机主板用的是为库卡定制的 Fujitsu 牌工业总线，采用英特尔双核中央处理器技术，配设 2.8 GHz 双核和 1GB RAM。主板接口插槽如图 5-5 和表 5-3 所示。

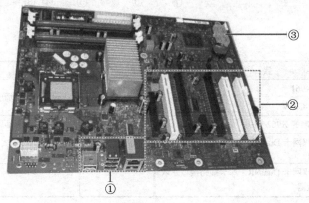

图 5-5

表 5-3

接　口	名　称	插　卡
1	主板接口	主板内建网络和 USB
2	主板插槽	显卡等
3	SATA 接口	硬盘等

已损坏的主板不单独更换，而是连同控制系统计算机一起更换。

5.3.3　双网卡（Dual NIC）

库卡 Dual NIC 是一种可供两个总线系统（KLI 库卡线路接口和 KCB 库卡控制器总线）使用的双工网卡（图 5-6）。该网卡是为适应库卡要求而专门开发的。

拆出 Dual NIC 的步骤如下：

1）打开计算机机箱。

2）拔出双网卡的接合件。

3）松开网卡紧固件（图 5-9 ①），然后将网卡从插槽中拔出。

图　5-6

① 网卡紧固件

图 5-7　Dual NIC

更换 Dual NIC 的步骤如下：

1）固定螺钉。

2）将双网卡插入插槽并拧紧。

3）插入网卡的接合件。

4）实施功能测试。

5.3.4　KR C4 存储盘

KR C4 硬盘包含必要的操作系统以及机器人系统运行所需的软件和所有数据。如图 5-8 所示。

图　5-8

作为库卡硬盘的替补，还可使用库卡的非旋转式存储盘，库卡定制的 SSD（Solid State Disc，固态硬盘）具有与标准硬盘相同的规格和接口。如图 5-9 所示。使用 SSD 可缩短系统启动时间，且可避免条件很差的环境（例如：振动）造成器件损坏。

图　5-9

SSD 划分为三个分区，其中第三个分区属于隐藏的恢复分区。该分区可通过库卡恢复工具来读写。第一分区与 C 盘对应，第二分区与 D 盘对应。

SSD 里存有 Windows XPe、库卡系统软件和工艺数据包（选项）。

SSD 装卸的操作步骤：

1）将控制系统关机并采取措施防止其被意外重启。

2）解锁并拔出 SATA（一种总线接口，用于主板与存储设备之间的数据传输）插头（图 5-10 ①）。

3）拔出电源插头（图 5-10 ②）。

4）松开滚花螺钉（图 5-10 ③）。

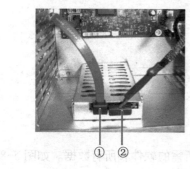

① SATA 插头
② 电源插头
③ 滚花螺钉

图　5-10

5）通过拉引松开存储盘。

6）用新的同类存储盘将旧的换下。

7）插接 SATA 和电源。

8）用滚花螺钉固紧存储盘。

9）安装操作系统和库卡系统软件（KSS）。

10）工业机器人的系统结构必须用 WorkVisual 进行配置。

 如果更换了硬盘，则可导入最近的安装程序存档（代替通过 WorkVisual 的配置）。

11）实施功能测试。

5.3.5　计算机电源

计算机电源用于主板、硬盘等的电源供应（图 5-11）。计算机电源件的输入电压为 27V，其不能替换成输入电压为 230V 的常用电源。

① 电脑电源件

图　5-11

计算机电源件的更换方法

1）将控制系统关机并采取措施防止其被无意重启。

2）打开计算机机箱。

3）拔出主板、硬盘和机壳的连接线。

4）松开摆动架底面里的固定螺钉，然后小心地拉出电源件。

5）装入新的计算机电源并拧紧。

6）插入电源的连接线。

7）实施功能测试。

5.3.6　RAM 存储器

RAM 存储器模块用于装载操作系统 Windows XPe 和 VxWorks。设备出厂时已装配两块库卡模块，每块容量大小为 512MB。如需升级装备，只允许采用库卡提供的 RAM 存储器。如图 5-12 所示。

图 5-12

更换 RAM 存储器的操作步骤：

1）在更换 RAM 存储器之前，必须先将计算机电源件拆出。

2）将侧面搭攀（图 5-13①）解开，然后将 RAM 存储器往上推。

3）取出存储器模块。

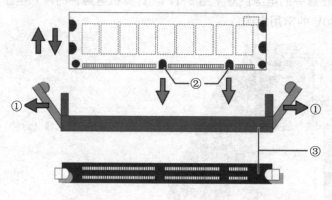

① 侧面搭攀
② 编码缺口
③ 插座

图 5-13

4）换上新的存储器模块。

5）将 RAM 模块小心地推入插座（图 5-13 ③）内，其中需注意编码缺口（图 5-13 ②）的具体位置。

6）检查侧面搭攀（图 5-13 ①）是否已锁紧。

7）重启控制系统，启动后单击"主菜单" > "帮助" > "信息"，检查 RAM 的安装情况。

5.3.7 计算机风扇

计算机风扇用于计算机组件及整个机箱内部范围的冷却。计算机风扇是控制柜内部的唯一风扇。如图 5-14 所示。

为确保空气循环，必须关闭控制柜门。如果控制柜门打开，空气循环将由于空气槽而中断进而导致箱内温度骤升。

① 电脑风扇

图　5-14

计算机风扇更换的操作步骤：

1）通过总开关使控制系统关机。

2）将控制系统 PC 拆出。

3）将 PC 盖打开。

4）松开并拔出风扇插头（图 5-15 ①）。

① 风扇插头

图　5-15

5）将风扇朝装配栓塞（图 5-16①）的里侧拉出。

6）将开口铆钉（图 5-16②）拔出，再将网栅（图 5-16 ③）取出。

7）将网栅（图 5-16③）装入新风扇上，然后用开口铆钉紧固。

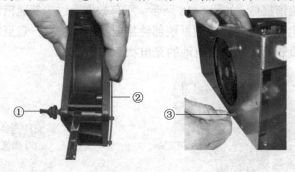

① 装配栓塞
② 开口铆钉
③ 网栅

图　5-16

8）将装配栓塞（图 5-16 ①）装入风扇。

9）将风扇装入计算机机壳，并将装配栓塞（图 5-16 ①）穿过计算机机壳。

10）实施功能测试。

5.4　KR C4 的总线系统

5.4.1　内部库卡总线系统

内部库卡总线系统如图 5-17 所示。

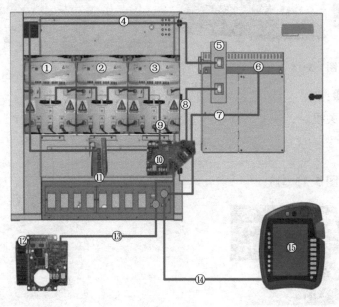

① KSP A1-3
② KSP A4-6
③ KPP+（A7/8）
④ 库卡线路接口
⑤ Dual NIC 双网卡
⑥ 以太网主板
⑦ 库卡系统总线
⑧ 库卡控制器总线
⑨ 库卡控制器总线
⑩ CCU
⑪ 工业以太网—控制系统转换器
⑫ RDC
⑬ 库卡控制器总线
⑭ 操作面板接口
⑮ 库卡 smartPAD

图　5-17

5.4.2　控制柜（CCU）

控制柜（CCU）包含两块电路板（CIB 控制柜接口板和 PMB 电源管理板），是机器人控制系统所有组件的配电装置和通信接口。如图 5-18 所示。所有数据通过内部通信传输给控制系统，并在那里继续处理。当电源断电时，控制系统部件接收蓄电池供电，直至位置数据备份完成，控制系统关闭。通过负载测试检查蓄电池的充电状态和质量。

① 连接板插接片
② 固定螺钉

图　5-18

1. 控制柜的组成

1）机器人控制系统部件的通信接口。

2）安全输出端和输入端。

① 控制主接触器 1 和 2。

② 校准定位。

③ 插入库卡 smartPAD。

3）8 个适用于客户应用程序的测量输入端（节拍 125μs）。

4）监控机器人控制系统中的风扇。

① 外部风扇。

② 控制系统计算机的风扇。

5）温度值采集：

① 变压器的热效自动开关。

② 冷却器的信号触点。

③ 主开关的信号触点。

④ 镇流电阻温度传感器。

⑤ 柜内温度传感器。

6）通过库卡控制器总线与控制系统计算机相连接的部件。

① KUKA Power Pack / KUKA Servo Packs。

② 分解器数字转换器。

7）通过库卡系统总线与控制系统计算机相连接的组件。

① 库卡 smartPAD。

② 安全接口板。

8）诊断 LED。

9）电子数据存储器的接口。

2. 控制柜的电源

（1）缓冲式供电（供电状态变化过程有缓冲） 有 KPP、KSP、库卡 smartPAD、控制系统多核计算机、控制系统操作面板（CSP）和分解器数字转换器（RDC）。

（2）非缓冲式供电（供电状态变化过程无缓冲） 有电动机制动装置、外部风扇、客户接口和快速测量输入端。

3. 控制柜的熔丝和 LED 指示灯

控制柜的保险装置的排布如图 5-19 和表 5-4 所示。CCU 的 LED 指示灯如图 5-20 和表 5-5 所示。

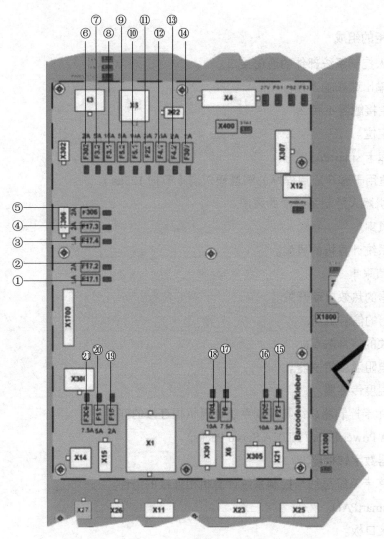

图 5-19

表 5-4

序 号	名 称	说 明	熔 丝
1	F17.1	CCU 接触器输出端 1~4	5A
2	F17.2	CCU 输入端	2A
3	F17.4	CCU 安全输入端	2A
4	F17.3	CCU 逻辑电路	2A
5	F306	SmartKCP 电源	2A
6	F302	SIB 电源	5A
7	F3.2	KPP1 非缓冲式逻辑电路	7.5A
8	F3.1	KPP1 非缓冲式制动	15A
9	F5.2	KPP2 非缓冲式逻辑电路	2A
10	F5.1	KPP2 非缓冲式制动	10A
11	F22	配电箱照明（备选）	2A
12	F4.1	KPC 缓冲式	10A
13	F4.2	KPC 缓冲式风扇	2A

（续）

序　号	名　称	说　明	熔　丝
14	F307	CSP 电源	2A
15	F21	RDC 电源	2A
16	F305	蓄电池供电	15A
17	F6	24V 非缓冲式（选项）	7.5A
18	F301	非缓冲式选项	7A
19	F15	内部风扇（选项）	2A
20	F14	外部风扇	7.5A
21	F308	缓冲式外部电源的内部供电	7.5A

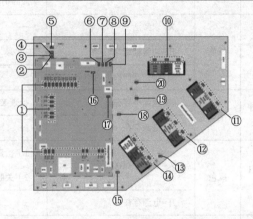

图　5-20

表　5-5

序　号	指示灯名称	标　色	说　明	补救措施
1	熔丝状态指示灯（LED），用于显示熔丝的状态	红色	亮=熔丝损坏	更换已损坏的熔丝
			不亮=熔丝正常	—
2	PWRS/3.3V	绿色	亮=电源存在	—
			不亮=电源不存在	1）检查 F17.3 号熔丝 2）如果 LED PWR/3.3V 亮起，则更换 CCU 板卡
3	STAS2 安全节点 B	橙色	不亮=电源不存在	1）检查 F17.3 号熔丝 2）如果 LED PWR/3.3V 亮起，则更换 CCU 板卡
			以 1Hz 闪烁=状态正常	—
			以 10Hz 闪烁=启动阶段	—
			闪烁=错误代码（内部）	检查 X309、X310 和 X31 的接线，将 X309、X310、X312 的接线拔掉，然后将控制系统关机并重新开机以进行测试；如果故障仍然存在，则更换板卡

（续）

序　号	指示灯名称	标　色	说　　明	补　救　措　施
4	STAS1 安全节点 A	橙色	关=电源不存在	1）检查 F17.3 号熔丝 2）如果 LED PWR/3.3V 亮起，则更换 CCU 板卡
			以 1Hz 闪烁=状态正常	—
			以 10Hz 闪烁=启动阶段	—
			闪烁=错误代码（内部）	检查 X309、X310 和 X312 的接线，将 X309、X310、X312 的接线拔掉，然后将控制系统关机并重新开机以进行测试；如果故障仍然存在，则更换板卡
5	FSoE，EtherCat 连接的安全协议	绿色	关=未激活	—
			开=功能就绪	—
			闪烁=错误代码（内部）	
6	主电源件的非缓冲电压，27V	绿色	关=电源不存在	检查 X1 的供电（额定电压 27.1V）
			开=电源存在	—
7	PS1，Power Supply1 电压（短时缓冲）	绿色	关=电源不存在	1）检查 X1 的供电（额定电压 27.1V） 2）关断驱动总线（BusPowerOff 状态）
			开=电源存在	—
8	PS2，Power Supply2 电压（中时缓冲）	绿色	关=电源不存在	1）检查 X1 的供电 2）控制系统处于休眠状态
			开=电源存在	—
9	PS3，Power Supply3 电压（长时缓冲）	绿色	关=电源不存在	检查 X1 的供电
			开=电源存在	—
10	L/A，KSB（SIB）	绿色	1）开=物理连接网线已插入	
	L/A，KCB（KPC）	绿色	2）关=无物理连接网线未插入	
	L/A，KCB（KPP）	绿色	3）闪烁=线路上正进行数据交换	
11	L/A	绿色	1）开=物理连接网线已插入	
	L/A	绿色	2）关=无物理连接网线未插入	
	L/A	绿色		
12	L/A	绿色	闪烁=线路上正进行数据交换	—
	L/A	绿色		
	L/A	绿色		

（续）

序　号	指示灯名称	标　色	说　明	补　救　措　施
13	PWR/3.3V, CIB 的电压	绿色	关=电源不存在	1）检查 F17.3 号熔丝 2）电桥插头 X308 已存在 3）检查 F308 号熔丝 4）通过 X308 接收外电源时，检查外电源的电压（额定电压 24V）
			开=电源存在	—
14	L/A	绿色	1）开=有物理连接	
	L/A	绿色	2）关=无物理连接。网线无法插好	—
	L/A	绿色	3）闪烁=线路上正进行数据交换	
15	STA1（CIB），μC-I/O 节点	橙色	关=电源不存在	1）检查 F17.3 号熔丝 2）如果 LED PWR/3.3V 亮起，则更换 CCU 板卡
			以 1Hz 闪烁=正常状态	—
			以 10Hz 闪烁=启动阶段	—
			闪烁=错误代码（内部）	更换 CCU 板卡
16	STA1（PMB），μC-USB	橙色	关=电源不存在	1）检查 X1 的供电 2）如果 LED PWR/5V 亮起，则更换 CCU 板卡
			以 1Hz 闪烁=正常状态	—
			以 10Hz 闪烁=启动阶段	—
			闪烁=错误代码（内部）	更换 CCU 板卡
17	PWR/5V, PMB 的供电	绿色	关=电源不存在	检查 X1 的供电（额定电压 27.1V）
			以 1Hz 闪烁=正常状态	—
			以 10Hz 闪烁=启动阶段	—
			闪烁=错误代码（内部）	—
18	STA2，FPGA 节点	橙色	关=电源不存在	1）检查 X1 的供电 2）如果 LED PWR/3.3V 亮起，则更换 CCU 板卡
			以 1Hz 闪烁=正常状态	—
			以 10Hz 闪烁=启动阶段	—
			闪烁=错误代码（内部）	更换 CCU 板卡
19	RUN SION，EtherCat 安全节点	绿色	开=可使用（正常状态）	
			关=初始化（开机后）	—
			以 2.5Hz 闪烁=试运转（启动时的中间状态）	—
			单一信号=安全运转	
			以 10Hz 闪烁=启动（用于固件更新）	—

（续）

序　号	名　　称	标　色	说　　明	补 救 措 施
20	RUN CIB EtherCat ATuC-I/O 点	绿色	开=可使用（正常状态）	—
			关=初始化（开机后）	—
			以 2.5Hz 闪烁=试运转（启动时的中间状态）	—
			单一信号=安全运转	—
			以 10Hz 闪烁=启动（用于固件更新）	—

4. 控制柜的更换步骤

1）关闭控制系统并采取安全措施，防止未经授权的重启。

2）将数据线插头解锁，拔出控制柜（CCU）上的所有接线。如图 5-21 所示。

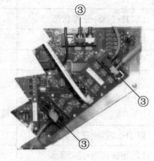

① 插头已解锁
② 插头已锁闭
③ 插头已插入并锁闭

图　5-21

3）取下固定板上的螺栓，将固定板连同 CCU 从连接板开口处拉出。

4）检查新 CCU 是否有机械损伤。将固定板连同 CCU 插入连接板开口，然后拧紧。如图 5-22 所示。

① 连接板插接片
② 固定螺钉

图　5-22

5）按照插头和线缆说明将所有接口插入。将数据线插头锁紧。

6）实施功能测试。

5.4.3 库卡控制器总线（KCB）

KCB 总线结构如图 5-23 所示。

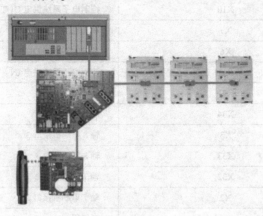

图　5-23

属于 KCB 的设备有 KPP（配电箱）、KSP A1-3（伺服包）、KSP A4-6（伺服包）、RDC（分解器数字转换器）、EMD（电子控制装置，可耦联式用户）。

1. 库卡 KPP

库卡 KPP 是驱动电源，可从三相电网中生成整流中间回路电压。利用该中间回路电压可给内置驱动调节器和外置驱动装置供电。

KPP 有 4 种规格相同的设备变形：KPP 不带轴伺服系统（KPP 600-20）；KPP 带单轴伺服系统（KPP 600-20-1×40），输出端峰值电流 1×40A；KPP 带单轴伺服系统（KPP 600-20-1×64），输出端峰值电流 1×64A；KPP 带双轴伺服系统（KPP 600-20-1×40），输出端峰值电流 2×40A。

KPP 上设有显示工作状态的 LED 指示灯。

（1）KPP 的特点

1）KPP 复合运行中的中央交流电源接口：馈电压为 400V 时设备功率为 14kW，额定电流为 DC25A。

2）接通和关断电源电压。

3）用直流中间回路为多个轴伺服系统供电。

4）带外部镇流电阻接口的集成制动斩波器。

5）镇流电阻的过载监控。

6）通过短路制动使同步伺服电动机停止运转。

（2）KPP 接口

带双轴伺服系统的 KPP 连接及说明如图 5-24 和表 5-6 所示。

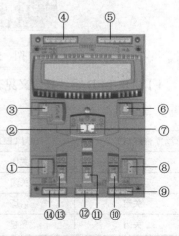

图　5-24

表 5-6

序　号	插　头	说　明
1	X30	制动供电 OUT
2	X20	驱动总线 OUT
3	X10	控制电子系统供电 OUT
4	X7	镇流电阻
5	X6	直流中间回路 OUT
6	X11	控制电子系统供电 IN
7	X21	驱动总线 IN
8	X34	制动供电 IN
9	X3	轴 8 电动机接口 3
10	X33	轴 8 制动接口 3
11	X32	轴 7 制动接口 2
12	X2	轴 7 电动机接口 2
13	—	未使用
14	X4	AC 和 PE 电源接口

（3）LED 指示灯诊断　KPP 的 LED 显示由以下 LED 组构成：供电、KPP 设备状态、轴调节器、驱动总线状态。如图 5-25 所示。

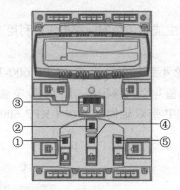

① 供电 LED 组
② KPP 设备状态 LED 组
③ 驱动总线状态 LED 组
④ 轴调节器 LED 组
⑤ 轴调节器 LED 组

图　5-25

1）供电 LED 组。其含义见表 5-7。

表　5-7

红灯 LED	绿灯 LED	含　义
关闭	关闭	控制电子系统断电
亮起	关闭	供电故障
关闭	闪烁	中间回路电压在允许范围外
关闭	亮起	中间回路电压在允许范围内

2）KPP 设备状态 LED 组。其含义见表 5-8。

表 5-8

红灯 LED	绿灯 LED	含　义
关闭	关闭	控制电子系统断电
亮起	关闭	KPP 故障
关闭	闪烁	与控制系统无通信
关闭	亮起	与控制系统有通信

3）轴调节器 LED 组。其含义见表 5-9。

表 5-9

红灯 LED	绿灯 LED	含　义
关闭	关闭	控制电子系统断电轴不存在
亮起	关闭	轴有故障
关闭	闪烁	没有开通调节器
关闭	亮起	调节器开通

4）驱动总线状态 LED 组。其含义见表 5-10。

表 5-10

红灯 LED	绿灯 LED	含　义
关闭	关闭	控制电子系统断电
亮起	关闭	供电装置故障
关闭	闪烁	供电装置未开通
关闭	亮起	供电装置开通

5）其他错误。其含义见表 5-11。

表 5-11

错误/故障	含　义
1	如果在初始化阶段中出现故障，则中间的轴调节器 LED 闪烁。其他 LED 指示灯熄灭。轴调节器的红色 LED 长亮且轴调节器的绿色 LED 以 2～16Hz 闪烁，随后长时间停歇
2	如在初始化阶段侦测到一个固件损坏，设备状态红色 LED 亮起而设备状态绿色 LED 变暗

2．库卡 KSP

KSP 属于机械手驱动轴的传动调节器。有两种规格相同的设备变形。KSP 上有显示运行状态的 LED。

（1）KSP 变型

1）3 轴 KSP（KSP 600-3×40），输出端峰值电流 3×40A，适用于额定电耗为 8～40A 的电动机。3 轴 KSP 接口及说明如图 5-26 和表 5-12 所示。

2）3 轴 KSP（KSP 600-3×64），输出端峰值电流 3×64A，适用于额定电耗为 16～64A 的电动机。

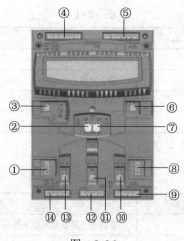

图 5-26

（2）KSP 的功能

1）伺服电动机的场定向控制：扭矩调节。

2）直接供应直流中间回路电压。

3）每个轴伺服器的功率为 11～14kW。

4）具有集成式安全功能，例如单轴安全制动，功率安全关断 SBC（Safe Brake Control）和以前单制动模块（SBM）选项的 STO（Safe Torque Off）。

表 5-12

序 号	插 头	说 明
1	X30	制动供电 OUT
2	X20	驱动总线 OUT
3	X10	控制电子系统供电 OUT
4	X5	直流中间回路 OUT
5	X6	直流中间回路 IN
6	X11	控制电子系统供电 IN
7	X21	驱动总线 IN
8	X34	制动供电 IN
9	X3	电动机接口 3
10	X33	制动器接口 3
11	X32	制动器接口 2
12	X2	电动机接口 2
13	X31	制动器接口 1
14	X1	电动机接口 1

（3）LED 指示灯诊断 KSP 的 LED 显示由以下 LED 组构成：供电、KSP 设备状态、轴调节器、驱动总线状态。如图 5-27 所示。

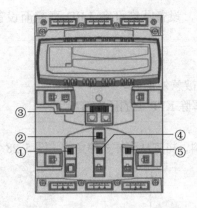

① 供电 LED 组
② KSP 设备状态 LED 组
③ 驱动总线状态 LED 组
④ 轴调节器 LED 组
⑤ 轴调节器 LED 组

图 5-27

1）设备状态 LED 组。其含义见表 5-13。

表 5-13

红灯 LED	绿灯 LED	含　义
关闭	关闭	控制电子系统断电
亮起	关闭	KSP 故障
关闭	闪烁	与控制系统无通信
关闭	亮起	与控制系统有通信

2）轴调节器 LED 组。其含义见表 5-14。

表 5-14

红灯 LED	绿灯 LED	含　义
关闭	关闭	控制电子系统断电轴不存在
亮起	关闭	轴有故障
关闭	闪烁	没有开通调节器
关闭	亮起	调节器开通

3）驱动总线状态 LED 组。其含义见表 5-15。

表 5-15

红灯 LED	绿灯 LED	含　义
关闭	关闭	控制电子系统断电
亮起	关闭	供电装置故障
关闭	闪烁	供电装置未开通
关闭	亮起	供电装置已开通

如果在初始化阶段中出现故障，则中间的轴调节器 LED 闪烁，其他 LED 指示灯熄灭。轴调节器的红色 LED 长亮且轴调节器的绿色 LED 以 2～16Hz 闪烁，随后长时间停歇。

如在初始化阶段侦测到一个固件损坏，设备状态红色 LED 亮起而设备状态绿色 LED 变暗。

3. KPP/KSP 的更换步骤：

1）将控制系统关机并采取措施防止其被意外重启。

2）将数据线插头 X20 和 X21 解锁，解除 KPP 上的所有连接。

3）松开内六角螺钉（图 5-28 ①）。

4）将 KPP 略微向上抬起，顶部向前倾斜，将其从壳体支撑角铁（图 5-28 ③）中向上取出。

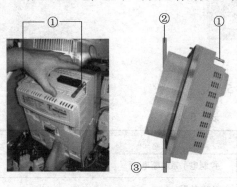

① 内六角螺栓
② 柜背板
③ 壳体支撑角铁

图 5-28

5）将新的 KPP 插进壳体支撑角铁（图 5-28 ③）里，然后将其上部挂入角铁并拧紧（拧紧扭矩为 4N·m）。

6）按照插头和线缆说明将所有接口插入。将插头 X20 和 X21 锁紧。

7）如果因设备更换而进行了系统更改，则必须用 WorkVisual 配置工业机器人的系统结构。

5.4.4 库卡系统总线（KSB）

KSB 总线结构如图 5-29 所示。

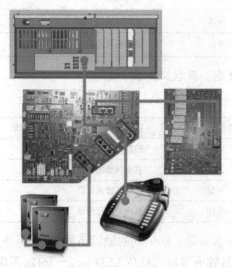

图 5-29

KSB 是基于 EtherCat 的总线，循环时间为 1ms。可与 KSB 连接的设备有库卡 smartPAD（HMI 借助 RDP），RoboTeam（借助一条连接线），SIB（安全接口板）X11、X13。

安全接口板（SIB）是客户安全接口的组成部分，且与库卡系统总线（KSB）连接。如图 5-30 所示。借助 SIB 可使机器人控制系统集成到一个传统铺线方式的设备里。SIB 可从 smartPad 通过客户接口 X11 提供内部安全信号，例如发出紧急停止信号。

SIB 装拆更换的操作步骤：

1）将控制系统关机并采取措施防止其被无意重启。

2）将数据线插头解锁并拔出 SIB 上的所有连接线。如图 5-31 所示。

图 5-30

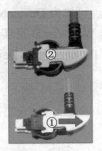 

图 5-31

① 插头已解锁
② 插头已锁闭
③ 插头已插入并锁闭

3）取下固定板上的螺栓（图 5-38 ①），并将固定板连同 SIB 从连接板开口处拉出。如图 5-32 所示。

图 5-32

① 固定螺钉
② 连接板插接片

4）检查新 SIB 是否存在机械损伤，将固定板及 SIB 板插入连接板开口处，然后拧紧。

5）按照插头和线缆说明将所有接口插入。将数据线插头锁紧。

5.4.5 库卡扩展总线（KEB）

KEB 总线结构如图 5-33 所示。

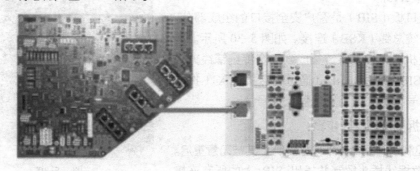

图　5-33

KEB 是控制柜（CCU）里的 EtherCat 主机。循环时间为 1ms。可作为 DeviceNet 的替换产品用于集成客户输入/输出端（当前没有安全输入/输出端）。通过 WorkVisual 可实现对 KEB 的配置。可与 KEB 连接的设备有客户的 EtherCat 输入/输出模块，Profibus 和与 DeviceNet 网关解决方案相关的设备。

5.4.6 库卡线路接口（KLI）总线结构及操作面板

KLI 总线结构如图 5-34 所示。

KLI 的主要特点

1）具有基于以太网的客户接口 X66 和 X67。

2）能够与设备及上级机构耦联（客户网络，服务器）。

3）用于基于以太网的现场总线连接（ProfiNet，PROFIsafe，EtherNetIP*，CIP Safety*（*表示目前尚未提供使用）。

4）能连接标准以太网（例如用于存档和数据交换）。

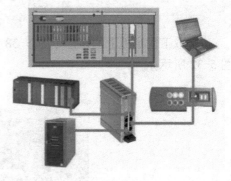

图　5-34

5）通过 WorkVisual 可实现对 KLI 的配置。

可与 KLI 连接的设备有：

1）手提计算机。

2）客户输入/输出模块，可编程序控制器。

3）服务器，控制台计算机。

控制系统操作面板（CSP）是各种操作状态的显示单元，拥有下列接口：USB1，USB2，KLI【只用于连接箱内的控制系统转换器（选项）】。

CSP 的 LED 和插头排头见图 5-35 和表 5-16。

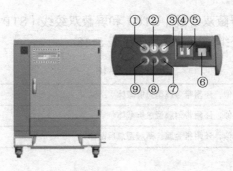

图　5-35

表 5-16　CSP 的 LED 说明

序　号	部　件	标　色	含　义
1	LED1	绿色	运行模式 LED
2	LED2	白色	睡眠模式 LED
3	LED3	白色	自动模式 LED
4	RJ45	—	KLI
5	USB1	—	—
6	USB2	—	—
7	LED6	红色	故障 LED3
8	LED5	红色	故障 LED2
9	LED4	红色	故障 LED1

5.5　网络技术基础

5.5.1　无源的网络组件

1. 双绞线

双绞线的英文名称为"Twisted Pair"，是指带有交叉编织护体的铜质双线芯线路。双绞线包括多种类型。这些类型在外表上几乎没有差别，名称缩写符号印制在线体上，在规划铺线时需对此加以注意。

网络只采用第五至第七类双绞线，这两类双绞线又分为 CAT5/5e、CAT6/6e/6a 和 CAT7/7a 等。它们的使用更易于自适应更新，分类也更细，但这种线缆的线长最多不得超过 100m，且以中间没有连接任何激活组件来计算。双绞线性能及应用说明见表 5-17。

表 5-17　双绞线性能及应用说明

类　别	线　型	频　率	应　用
CAT-1	UTP-1	100Hz	—
CAT-2	UTP-2	100Hz	—
CAT-3	UTP-3	16Hz	电话服务
CAT-4	UTP-4	20Hz	Ring Bus Token
CAT-5	UTP，S/FTP	100MHz	100/1000 Base-T
CAT6	S/FTP	250MHz	100/1000/10G Base-T
CAT-7	S/FTP	600Hz	100/1000/10G Base-T

双绞线式线路分为非屏蔽双绞线（UTP）和屏蔽双绞线（STP）两种。
屏蔽双绞线线路本身还继续分为 3 种，见表 5-18。

表 5-18

S/	结构与 UTP 相似，还附带金属型总屏蔽体
F/	结构与 UTP 相似，还附带薄膜型总屏蔽体
SF/	结构与 UTP 相似，还附带金属、薄膜型总屏蔽体

2. RJ-45 插头和接口

RJ-45 是一种标准化通信布线的名称。RJ 的意思是"注册的插座"（标准化插座）。RJ-45 插头在口语里面也称为西方插头、模块化插头或以太网插头。

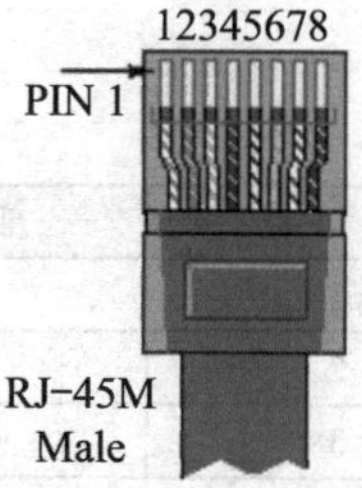

图 5-36

RJ-45 的插孔布局（图 5-36）：

1）八极 RJ-45 插头按 EIA/TIA T568A 和 EIA/TIA T568B 技术要求来设计。最主要的使用标准为 EIA/TIA T568A。

2）双绞线必须根据这两项标准与八极 RJ-45 插座连接。

3）通常具有两种不同的插孔布局，分别是直线式和交叉式。

4）KR C4 网络线只采用 1/2 和 3/6 式线芯对。

（1）RJ-45 的直线式布线　该布线法用于计算机与转换器之间的布线。见表 5-19。

表 5-19

信　号	针　脚		标　色
TX+	1	1	白色/橙色
TX−	2	2	橙色
RX+	3	3	白色/绿色
	4	4	
	5	5	
RX−	6	6	绿色
	7	7	
	8	8	

（2）RJ-45 的交叉式布线　该布线法用于计算机与计算机之间的布线，其中不使用转换器。见表 5-20。

表 5-20

信　号	针　脚		标　色
TX+	1	3	白色/橙色
TX−	2	6	橙色
RX+	3	1	白色/绿色
	4		
	5		
RX−	6	2	绿色
	7		
	8		

3. 光纤

1）光纤可分为光纤（LWL）或光缆（LLK）。

2）光纤借助玻璃纤维、石英纤维或塑料纤维以光学形式远距离传送数据。

3）光学信号无须放大器协助便可凭借大约 60THz 的带宽远距离传送（几百公里）。

4）不再存在干扰辐射、接地和电磁干扰等问题。

5）必须严格遵守光纤的折弯半径规定。

6）由于阻尼值（0.3～0.8dB）的大小与安装实况存在很大的依赖关系，所以该类缆线的处理（撕开）过程较为烦琐，并且需要技术人员来完成。此外，线缆的终端甚至还须抛光。

 光纤也应用于自动化网络中，尤其是在现场总线层面更常用。其中主要采用聚合物光学纤维（POF）。

4. 网络拓扑

拓扑用于描述网络的接线形式。它与网络结构无关。网络可以是类型单一的拓扑，也可以是混合拓扑。

（1）星形拓扑　最常见的接线形式是与另一拓扑的星形连接。如图 5-37 所示。

1）所有用户均与一个中央节点（转换器或中央计算机）相连接。

2）用户之间无法直接相互通信，任何通信均须通过中央节点来进行。

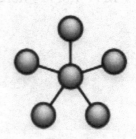

图　5-37

3）当中央节点存在故障时，所有通信渠道将会中断。

4）KR C4 采用星形和线形的组合结构。

PC、CCU、RDC 与 KPP 之间的星形拓扑如图 5-38 所示。

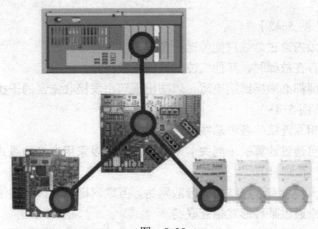

图　5-38

（2）环形拓扑（图 5-39）

1）没有中央站，所有站点均享有同等条件。

2）每个用户都拥有自己的网络接口（节点），且通过该接口与其左右邻居联结。

3）信息传输是从一个节点至另一节点的单向。

4）当一个节点存在故障时，所有通信渠道将会中断。

（3）线形拓扑（图5-40）

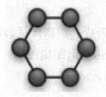

图5-39 环形拓扑 　　　　　　图5-40 线形拓扑

1）属于环形拓扑的一种特殊形式。

2）当一个节点存在故障时，所有通信渠道将会中断。

3）KR C4采用星形和线性的组合结构。

KPP、KSP1与KSP2之间的线形拓扑如图5-41所示。

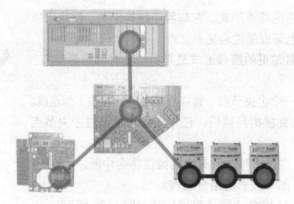

图 5-41

（4）总线拓扑（图5-42）

1）在某一时间段内通过总线只能传送一条信息。

2）当一个工位存在故障时，其他工位的通信继续维持。

3）总线网络两侧都必须接终端电阻，以防出现可引发接收错误的干扰。

（5）树形拓扑（图5-43）

1）树形系统是相互连接的各种总线系统的总体。

2）总线连接既可通过计算机（网关）来实现，也可以采用直接的线式连接。

（6）混合拓扑（图5-44）

1）混合拓扑是一种没有连接结构的分散网络。互联网即属于该类网络。

2）所有网络站点通过某种形式相互联结。

3）当某个联结点出现故障时，通常都会有几个选项网段延续数据的交换。

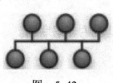
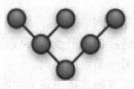
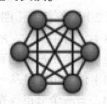

图 5-42 　　　　　　图 5-43 　　　　　　图 5-44

5.5.2　有源的网络组件

1．网卡

网卡（英文缩写为 NIC）是连接计算机与本地网络的电子线路媒介。每块网卡都拥有全球独一无二的识别码，即 MAC 地址。

目前越来越多的高性能网卡使用 1000Mbit/s 的传输速度，而且大部分采用配设 RJ-45 插头的双绞线（1000BASE-T）来连接。普通网卡只拥有一个以太网接口，特殊网卡会拥有多一些（最多四个）。网卡如图 5-45 所示。

图　5-45

大部分网卡都能接收各种参数化设置，极少需要手动配置。最通常的设置项为速度和双工模式。其中，双工模式又可分为全双工模式和半双工模式，见表 5-21。

全双工：同时进行发送与接收的双向式数据传输方法。

半双工：同时进行只发送或者只接收的单向式数据传输方法。

表　5-21

模　式	说　明
自动识别	管理转换器/路由器-局域网卡之间自动宽带和发送程序管理
10Mbit/s 半双工	局域网卡规定了传输速度和传输比率
10Mbit/s 全双工	局域网卡规定了传输速度和传输比率
100Mbit/s 半双工	局域网卡规定了传输速度和传输比率
100Mbit/s 全双工	局域网卡规定了传输速度和传输比率
1000Mbit/s 自动化	这里只自动议定传送程序

设置双工模式的操作步骤可因板卡制造商的不同而各异。基本步骤如下：

1）在 Windows 的"开始"菜单里选中"系统控制"。

2）单击"系统"。

3）单击"硬件"。

4）选取"设备管理器"项下的"网络适配器"，然后进行以下设置：

① 选取正确的局域网卡。

② 用鼠标右键单击"属性"。

③ 单击"扩展",进入"速度/双工模式"窗口。

（1）库卡网卡 Dual NIC　Dual NIC 是一种包含两个 1000Mbit/s 局域网适配器的网卡，它们是两个 VLANs。第一个端口与库卡控制器总线连接，第二个端口与 KLI 客户接口连接。

在 KR C4 中，Dual NIC 在设备管理器里不是显示在"网络适配器"之下。该网卡不受 Windows 而受库卡实时操作系统 VX-Works 的管理，也不在 Windows 里进行参数设置。因此，所有网络适配器都显示在库卡"Realtime OS Devices"项下，只有 KLI 端口（库卡线路接口）才可以直接在库卡 HMI 上接受参数设定。设备管理器（Device Manager）如图 5-46 所示，相应说明见表 5-22。

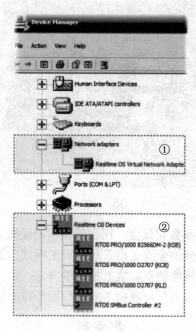

图　5-46

表 5-22　设备管理器说明

编　号	名　称
1	驱动程序的共用存储器
2	库卡虚拟网卡，由 VX-Works 负责管理
	系统总线
	控制器总线
	库卡线路接口
	控制器共用存储器

（2）主板内建网卡（图 5-47）　这是一块可直接集成到 Fujitsu 牌主板的 1000Mbit/s 网卡。该端口可与库卡系统总线连接。

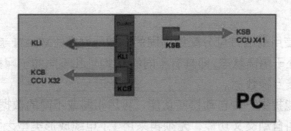

图 5-47

2. 集线器

集线器是一个网络内的分配器或连接点，在其里面以星形汇集了多条线路。

集线器具有纯粹的分配功能，它接收数据包并将其传给网络内的所有现有站点。如果此时另一站点正在传送数据，则该网段出现冲撞，这种情况下必须重新发送数据，大大加重网络负荷。因此，在工业以太网环境中，一般不使用集线器，而使用转换器。

3. 转换器

转换器通常是建立在硬件基础上的，以实现最短的接线环路。最新转换器拥有10/100/1000Mbit/s 的数据传输速率。转换器的作用是尝试检定数据包的接收者，然后将数据包传送到该接收者的端口。只有在转换器无法确定接收者的情况下，才会将数据包发送给网络内的所有用户。这样，一个本地网络的可用宽带便可高效地分配给实际需要的用户。

转换器分为管理型转换器和非管理型转换器。

管理型转换器和非管理型转换器的一个主要区别就在于它们对待组播通信的处理方式。组播通信通常来自于搭载在工厂过程网络上的智能设备，采用面向连接的基于生产厂商/用户模型的技术。这种情况下的连接仅仅是网络上两个或者多个节点之间的关系。

要想能够接收组内信息，设备必须加入组播通信小组，组内所有的成员都能够接收到数据。如果仅仅是向小组发送数据，那么无须成为小组成员。在生产商/用户模型中，组播通信的主要问题就是随着小组成员数量的增加，通信信息呈指数增长，此时，就需要使用管理型转换器。

管理型转换器能够打开互联网管理协议窥探功能。它是这样工作的，当 IGMP 窥探功能打开后，它会发出广播通信以判断任何组播小组内的成员。使用这些信息，加上已经建好的 MAC 地址表，管理型转换器就能够将组播通信仅仅发送给组播小组内的成员。非管理型转换器对组播数据和广播数据的处理方式一样，都是将数据发送给每一个节点。

（1）管理型转换器——智能转换器 可

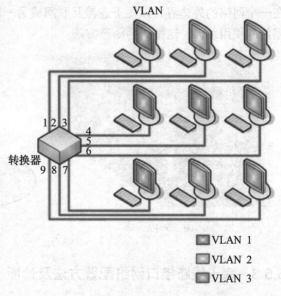

图 5-48

以通过网页界面进行配置。为此该转换器必须从任一个 VLAN 中获得一个 IP 地址以启动。

如图 5-48 所示。

智能转换器可供使用的端口可分配给不同的局域网网点（VLAN=虚拟局域网）。不同的 VLAN 网点相互之间处于隔离状态，即具有不同的 IP 地址和不同的子网掩码。只有相同 VLAN 内的网络用户才能直接互换数据。

大部分网络用户能提供一种自动协商功能，可用相同或不同的数据传输速率来耦联网络网点或终端设备。利用自动交叉功能，无须再采用 1:1 电缆成形类型之间的差别或分频器。

（2）库卡 KLI 转换器　有两种转换器（管理型和非管理型）适用在 KR C4 里使用，至于选用哪一种则视具体用途而定。所有转换器均最佳适合于 10/100Mbit/s 工业以太网络的线形、星形或环形构造。它们都拥有独立的 DC 24V 电源，可装设于一条帽形导轨上。

1）5 端口非管理型转换器。这种转换器适用于不采用工业以太网/以太网 IP 的应用情况。该转换器的所有端口均属于一个 IP 地址范围。用于远程桌面链接、数据保存于一个客户服务器以及 WorkVisual 耦联。该种转换器不能实时运作。

2）8 端口管理型转换器。这种转换器与 5 端口转换器相反，与工业以太网和 Ethernet/IP 兼容，可通过网页界面或自动化管理器提供配置和诊断等扩展属性。

3）8 端口管理型快速通道转换器。这种转换器的用途最广泛，拥有 2 个 VLAN，可使数据密集型应用程序（例如视觉系统）与其他设备数据交换机制相互分隔。因此，可确保实时通信的顺畅进行。

（3）库卡控制柜内置转换器　控制柜（CCU）同样属于一个接受管理的转换器。如图 5-49 所示。它包含三个 VLANS、库卡控制器总线、库卡系统总线和库卡扩展总线。其中的管理由电路板上一个固件来加以确保。

4. 路由器

借助一个路由器可利用不同的协议和结构设计连接多个网络（图 5-50）。路由器通常设在一个网络的外边界，以便于连接互联网或另一网络。路由器可利用路由选择表决定一个数据包的使用路径。这是一种动态方法。

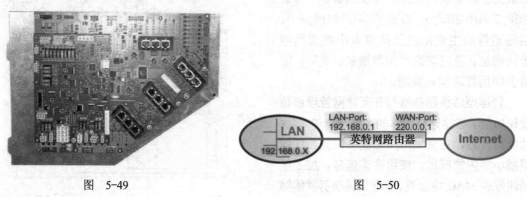

图　5-49　　　　　　　　　　　　　　　图　5-50

5.5.3　库卡线路接口网络配置方法及诊断

KLI（KUKA Line Interface）是用于耦联主控层面的接口，它将外置输入/输出端与 IT 连接装置组合成一体，并且可与一个工业以太网转换器及/或一个客户网络以太网转换器相连接。

KLI 始终与 VxWorks 侧进行通信，与 Windows 只可通过选定的端口才能连接，具体端口已在 KSS 8.x 出厂时预设完毕。

这种连接可通过存档功能、文件许可功能、远程桌面协议或 WorkVisual 来建立。

在 KLIConfig.XML 里已设有与此相应的功能，不过 IP 地址和接口还须正确设置。这种设置可直接在 HMI 里进行编程。

KLI 内部结构如图 5-51 所示。

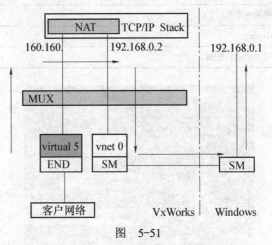

图 5-51

注意： 在标准供货方案中，KLI 已默认设置为静态 IP 地址 172.31.1.147。

KLI 的运作可凭借一个静态 IP 地址和一个动态 IP 地址。

1. 在 HML 上实行 KLI 配置

在人机界面（HML）上调整配置需获得一位助手的支援（必须以"专家"的身份登录）。配置过程中存在的错误带有红色标记，且不能保存。

配置界面分为标准界面和细节界面两种。可通过菜单项"投入使用"→"网络配置"打开。网络配置界面如图 5-52 所示。

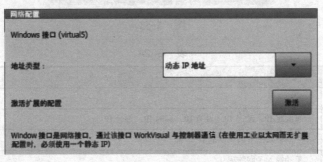

图 5-52

在标准界面里，只能对 Windows 接口（用于耦联办公网络）实行配置。而其他组合必须在细节界面里进行配置。

地址类型的含义见表 5-23。

单击图 5-52 所示"激活"键后即能打开细节界面，如图 5-53 所示。图中相关接口含义见表 5-24。

表 5-23

地 址 类 型	含　义
动态 IP	所有设置只经一个 DHCP 服务器执行
固态 IP	IP 地址 子网掩码 默认网关必须单独设置
没有 IP	暂时屏蔽一个接口
实时 IP	RoboTeam
混合 IP	特殊技术功能包配置

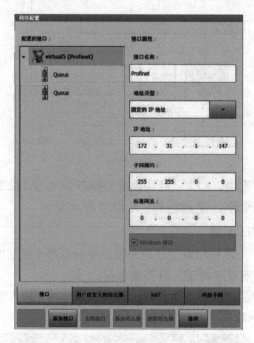

图 5-53

表 5-24

接　口	含　义
virtual5	端口名称
地址类型	有固定 IP、动态 IP、没有 IP、实时 IP、混合 IP
IP 地址	手动输入工业以太网的 IP 地址
子网掩码	手动输入子网掩码
标准网关	手动输入默认网关
Windows 接口	用于确定 NAT 规则是否适用于改接口。只配置一个接口时通常使用这种做法
Queue	不能调整的特殊工业以太网端口
Queue	全部接受，接受所有数据包 目标 IP 地址，只接收该 IP 地址的数据包

单击图 5-53 所示 "添加端口" 键可添加新的虚拟端口 virtual6，如图 5-54 所示。图中相关接口含义见表 5-25。当工业以太网与办公网络需使用相互独立的 IP 地址时，就需要添加该端口。

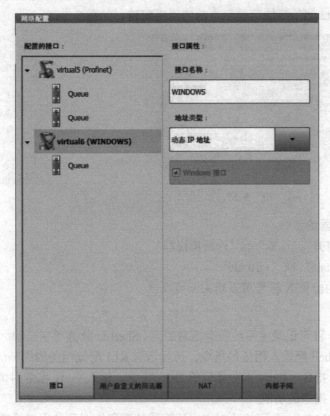

图　5-54

表　5-25

接　口		含　义
virtual6		端口名称
地址类型		固定 IP
		动态 IP
		没有 IP
		实时 IP
		混合 IP
IP 地址		手动输入工业以太网的 IP 地址
	子网掩码	手动输入子网掩码
	默认网关	手动输入默认网关
Windows 接口		用于确定 NAT 规则是否适用于改接口。存在两个端口时必须手动选择
Queue	数据包接收过滤器	全部接受——接受所有数据包
		目标 IP 地址——只接收该 IP 地址的数据包

2. KLI 诊断功能

利用菜单项"诊断监视器",可针对主系统的众多软件模块显示各种诊断数据。通过选取"virtual5"模块可显示当前的网络配置,如图 5-55 所示。

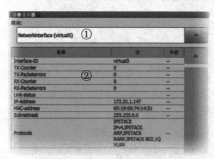

①选定的模块
②显示值

图 5-55

打开诊断显示器的步骤:

1)在主菜单打开:"诊断">"诊断监视器"

2)选中"virtual5"或"virtual6"

3)单击左侧的橙色 X 符号可重新关闭监视器。

3. PUTTYtel

PUTTYtel 是一种可记录主系统所有信息的壳(Shell)。此选项在启动之前必须先行配置。通过在 PuTTYtel Shell 里输入相应的指令,可显示与 KLI 配置相关的细节信息。

(1)PuTTYtel 指令 Putty 指令类似于 DOS 指令。输入 Putty 指令时需注意书写形式。

(2)PuTTYtel 指令的功能

1)利用"getKLIStatus"可检验以太网适配器的连通性以及给出传输速率。如图 5-56 所示。说明见表 5-26。

图 5-56

表 5-26

句 法	说 明
getKLIStatus	0:当没有发现 KLI 的网络设备时
	−1:当没有网络连接时
	2:当全双工模式未激活时
	其他所有数值:传输速率 MBit/s

2)利用"kagaShow"可列出所有已配置的适配器及其具体配置(图 5-57),如:

① 在 virtual5 里可显示固定 IP 地址和子网掩码。

② 系统方面的高级设置。

③ 已传送或已接收的数据包。

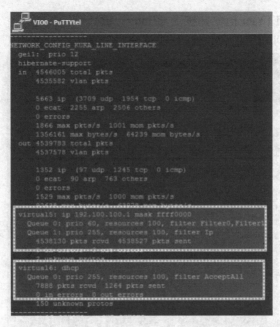

图 5-57

3）利用"ifconfig"可显示最详细化的信息（图 5-58），如：适配器的 MAC 地址、适配器 IP 地址、固定配置信息、动态配置信息、子网掩码、已发送数据包和已接收数据包。

图 5-58

（3）PuTTYtel 配置的操作步骤：

1）选取库卡用户组"专家"。

2）单击主菜单"投入使用"→"服务-HMI 最小化"。

3）打开 Windows Explorer。

4）启动执行：C：\WINDOWS\SYSTEM32 das Programm\PuTTYtel.exe 窗口【PuTTYtel Configuration】打开。

5）输入主机名称"target"或 IP 地址，如图 5-59 所示。

6）激活复选框"Vio"，单击"Open"按钮，打开【VIOO-PuTTYtel】窗口。

7）出现询问框"FLUSH INPUT"时，单击"否"按钮。

8）输入所需的 PuTTYtel 指令并按下"Enter"键。

9）外壳（Shell）可利用指令"exit"或单击右侧的 X 符号关闭。

图　5-59

5.5.4　远程桌面协议

利用远程桌面协议（RDP）可从某一工位远程访问一台已连接网络的计算机。屏幕内容将通过一个渐隐窗口显示到该工位，操作人员就好像直接坐在计算机面前一样，可利用鼠标和键盘等外围设备执行全套操作。现在有很多免费的 RDP 程序可利用一个 Wizard 来简便操作。为可通过互联网建立一个安全的连接，应采用 RC4 加密算法。

1. 微软 RDP

微软的操作系统 Windows XP 里已备有一个远程桌面机制。与此相关的路径如下："开始"
→ "程序" → "附件" → "通讯" → "远程桌面连接"。

利用 Wizard 可设定允许访问的介质或端口。

2. RDP 在 KR C4 里的应用

由于 KLI 在 VX-Works 里接收管理，所以 Microsoft RDP 不能凭借 KLI 在 KR C4 里使用。即使使用也无法确保单点控制，因此 Microsoft RDP 只能通过现场的控制柜（CCU）服务端口 X43 而被使用。其中要用到备选软件"库卡虚拟远程挂件"，将其安装在一台外部计算机里。

"库卡虚拟远程挂件"的操作界面最接近库卡的 smartHMI。在这里，只对"库卡虚拟远程挂件"操作界面的某些特殊部分给予说明。

1）如果使用触摸屏时，可用手指或触控笔对操作界面进行操作。

2）在软件"库卡虚拟远程挂件"里不再需要输入 IP 地址，因为控制系统在被使用之前必须添加到一个分组里。

3）网络可接受扫描或者通过手工输入 IP 地址而确定，如图 5-60 所示。

4）借助会话（session）管理器可对各个控制系统进行操作。如图 5-61 所示。其相应说明见表 5-27。图 5-61 相应按键说明见表 5-28。

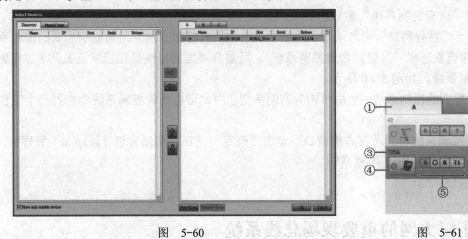

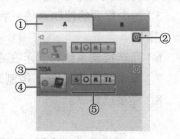

图 5-60   图 5-61

表 5-27

序 号	说 明
1	组工作册
2	启动键
3	机器人名称或 IP 地址
4	连接键
5	状态显示（与库卡 smartHMI 里的显示相同）

表 5-28

按 键	说 明
	VRP 已接上控制系统
	VRP 正在连接控制系统
	尝试连接时出现一个错误
	控制系统已连接一台库卡 smartPad
	控制系统已关机或无法连接
	没有库卡 smartPad 连接控制系统。VRP 可以与控制系统连接
	控制系统已关机或无法连接
	控制系统已关闭，但未通过总开关关机。单击该键可使控制系统启动
	控制系统已启动或无法连接

3. 建立一个 RDP 连接的操作步骤

1）启动手提计算机里的软件

2）按序选择菜单项："编辑" > "选择控制系统"。

3）打开"选择控制系统"窗口。

4）选项卡"搜寻网络"里自动显示网络里现有的所有控制系统。只需显示想要的控制系统时，则可勾选复选框"只显示合适控制系统"。所谓合适控制系统是指已安装 KSS 8.2 或更高版本的控制系统。如图 5-60 所示。

5）选中想要的控制系统，然后单击向右箭头键。由此可将所需控制系统添加到一个工作册/组里。

6）所选控制系统将显示在右侧窗口。单击"确定"按钮，刷新会话（session）管理器。

7）单击所需的工作册/控制系统。

8）连接已建立。

5.6 基于以太网的重要现场总线系统

5.6.1 工业以太网（ProfiNet）

工业以太网（ProfiNet）是基于 TCP/IP 的工业通信系统（图 5-62）。可按名称分配地址。实现开放式和分配式的自动化。

凭借现场总线和以太网实现全面通信。可实现现场层面直至主控层面的通信，以及实时通信。

ProfiNet I/O 数据交换按主从原理（设备控制器）来进行。ProfiNet I/O 端使用下列类型器件：

图 5-62 工业以太网模块

1）管理器：可为编程器或工业用计算机。

2）控制器：设备所有组件的上级控制装置（例如：KR C4）。

3）从属装置：属于接收控制器操作和监控的现场设备（例如：输入/输出板卡）。一个从属装置由多个模块和子模块组成。一个从属装置允许拥有多个控制器（主机）。

管理器与控制器均可访问所有工艺数据和参数数据。

1. ProfiNet I/O 变型

1）ProfiNet I/O 端使得分散现场装置（输入/输出装置，例如信号处理板卡）可直接接入工业以太网。

2）利用 WorkVisual 进行项目化设置。

3）利用实时通信功能传输业务数据。

4）利用 TCP/IP 进行配置和诊断。

5）输入/输出端管理器可服务于 HMI 和诊断功能。

2. ProfiNet I/O 通信模式

输入/输出控制器与输入/输出装置之间借助下列信道传输数据。

1）通过实时信道传输循环业务数据和警报。

2）通过标准信道的 TCP/IP 及/或 UDP/IP 执行参数设置、配置或诊断。

3）其他主要数据。

每种工业以太网协议可最多传输 1440B 的业务数据。借助 KR C4 里现有的 ProfiNet-Stack 可操控多达 256 个从属装置。

3. ProfiNet 实时

ProfiNet 实时通信是一种软实时（Software Real Time）方案，其没有时间同步要求，只要求响应时间为 5～10ms。

1）实时应用程序通常并非同步运行。

2）应用程序、数据传输和现场装置具有不同的处理周期。

3）周期时间和图像跳动均很不精确。

4. ProfiNet 实时同步

ProfitNet 实时同步通信是一种硬实时（Hardware Real Time）方案，其实时性基于一个建立在快速以太网上的时间触发协议，并有内嵌的同步实时交换芯片保证，从而进一步缩短处理时间，实现实时同步传输。

1）节拍同步式数据传输。

2）应用程序、数据传输和仪器工作周期保持同步。

3）周期时间小于 1ms，图像跳动精度小于 0.001ms。

4）需使用特殊型板卡。

5）典型的应用领域是运动控制。

5. ProfiNet 宽带占位

TCP/IP、ProfiNet 实时、ProfiNet 实时同步信道在宽带中的占位如图 5-63 所示，其中 ProfiNet 实时同步通信使用单独的通道。

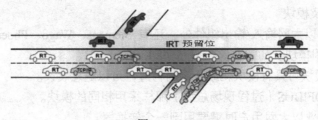

图　5-63

在使用转换器的情况下必须使用：

1）100Mbit/s 高速以太网接口。

2）全双工。

不得使用 HUBS（集线器），不然将导致总线负荷大幅上升。

6. KR C4 与 ProfiNet 的连接

（1）在 KR C4 与 ProfiNet 的连接中，KR C4 控制柜的用途

1）作为控制器：用于控制一套设备的所有组件。如图 5-64 所示。

图　5-64

2）作为从属装置：接受一个控制器的操作和监控，例如可编程序控制器。如图 5-65 所示。

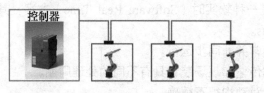

图　5-65

3）作为控制器及从属装置：用于控制现场装备，且同时与一个上级可编程序控制器连接。如图 5-66 所示。

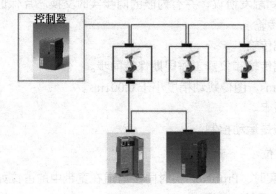

图　5-66

（2）连接组件及模块

1）除前述工业以太网输入/输出组件外，还有 Siemens、Wago、Phoenix、Pilz 等制造商提供的其他分散外围模块。如图 5-67、图 5-68 所示。

2）输入/输出模块可具有模块化或紧凑的构造，可以随意装设。

3）可如同 PROFIBUS（过程现场总线）那样采用相同的模块。

4）连接多个工业以太网用户时需要用到一个转换器。

图　5-67

图　5-68

（3）连接示例　在工业以太网中，每个组件均可与任意一个闲置端口连接。通过配置可决定从属装置与控制器的关联形态。连接示例如图 5-69 所示。

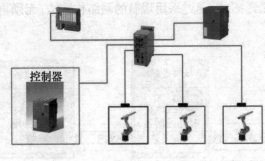

图　5-69

（4）配置基础　工业以太网的物理结构及其逻辑定址必须借助配置软件进行项目化设置，随后将项目化设置结果传送给相关的控制系统（控制器）。只有这样才能通过工业以太网进行通信。在此可选用以下两种软件：

1）WorkVisual：用于项目化设定工业以太网与 KR C4 控制柜的耦联。

2）西门子 STEP 7：用于项目化设定工业以太网与 KR C2 ed05 控制柜的耦联。

（5）逻辑地址　为确保明确的定址及识别，对于每个工业以太网用户均须分别设立和公布单独的参数（MAC 地址例外）。

1）设备名称。在工业以太网的结构范围内，设备名称只允许分配一次。这样，在数据交换时可明确地联系到模块。

2）设备编号。设备编号对于模块耦联或去耦是必需的，例如在更换工具的情况下。

3）IP 地址。工业以太网建立在 TCP/IP 以太网协议的基础上。为此必须对每个设备分配一个符合网络具体情况的 IP 地址。

4）子网掩码。作为过滤掩码，用于从 IP 地址中筛选网络地址。

5）MAC 地址。每个总线耦合器均具有一个固定不变的编码。在项目化作业期间，对每个设备均可凭借 MAC 地址来识别。

5.6.2　现场总线系统 EtherCAT

EtherCAT 是 EtherCAT Technology Group 公司一种以以太网为基础的开放式现场总线系统。除应用于传统现场总线耦联以外，EtherCAT 还可应用于时间受限的情况或场合。它可提供新型的、实时的功能。

EtherCAT 使用以太网网络线路作为传输介质。在传统的以太网协议（TCP/IP）中，总线用户需先接收数据包，然后对其解释并最后传过程数据。与传统方式不同，EtherCAT（图 5-70）则先后传达到所有的 EtherCAT 从属设备。这些设备从当前协议中提取为其规定的输入数据，且同时写入适用于主机的输出数据。数据实时无障碍地发送给用户。传送过程只会延迟几个纳秒。EtherCAT 通过将业务数据比例提高到超过 90%，可在一个 100BASE-TX 中取得将近 200Mbit/s 的实际比特率。EtherCAT 是可调节的，因此还可移植到千兆字节以太网里。

EtherCAT 已可使用现有的以太网拓扑，例如 IT 网络或工业以太网（图 5-71）。在这里可选用线形、树形、环形或星形拓扑。通过采用现有的网络构造法，无须再使用转换器。EtherCAT 数据传输特性见表 5-29。

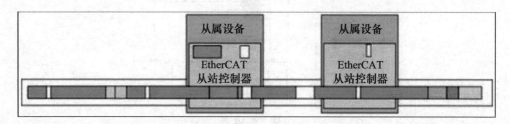

图　5-70

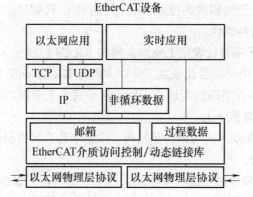

图　5-71

表　5-29

功能特性	更　新
256 个分配式数字输入/输出端	11μs～0.01ms
1000 个分配式输入/输出端	30μs
200 个模拟式输入/输出端	20kHz 时 50μs
1 条主机网关现场总线（1486B 输入端和 1480B 输出端）	150μs

1. EtherCat 设备组成

为了在需要时连接 KR C4 里的数字化输入/输出端，另外还提供了 BECKHOF 公司的 EtherCAT 模块。这种接口板卡具有模块化结构，并由一个总线耦合器模块、一个输入盘和一个输出盘构成。总线耦合器模块里设有可连接 EtherCAT 的逻辑电路。信号线路可通过输入/输出盘和端子板直接接线。总线耦合器模块 EK1100 通过系统总线与控制柜的 X44 端口连接。在库卡的配置界面 WorkVisual 里，已包含标准配置成品。

（1）耦合器 EK1100　用于连接 EtherCAT 接线端与总线。如图 5-72 所示。每个工位拥有一个总线耦合器，及任意数量的数字式或模拟式输入/输出端。

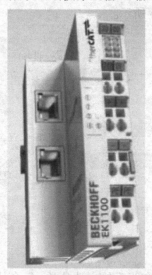

图 5-72

（2）数字输入端 EL1809（图 5-73） 可采集 16 个数字输入端的信号。将这些信号以电位隔离式传送给总线耦合器。借助发光二极管指示信号状态。

（3）数字输出端 EL2809（图 5-74） 可映射 16 个数字输出信道。输出端以电位隔离式连接。借助发光二极管指示信号状态。

图 5-73

图 5-74

2. Safety over EtherCAT（FSoE）

1）作为 EtherCAT 协议的补充，特地开发了 FSoE（FailSafe over EtherCAT，或简称 Safety over EtherCat）协议。

2）它符合 IEC 61508 标准中的安全完整性级别III。EtherCAT 协议除一般过程数据以外还包括安全信息。

3）标准模块可以与安全模块混合起来使用。

系统实例如图 5-75 和图 5-76 所示。

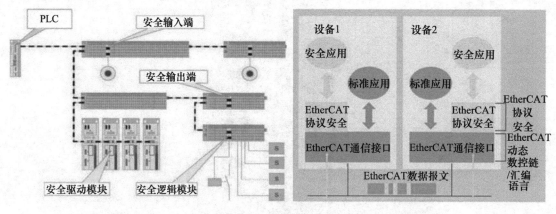

图　5-75　　　　　　　　　　　　图 5-76

在 Safety over EtherCAT 里具有明确的主从分类。每个从属用户都等候从主机接收属于它本身的数据包，然后再将它的数据包返送。每个数据包都附带一个时间戳记（图 5-77）。以时间戳记以及数据包的定义交替传送次数为依据，便可立即识别累计的时延。

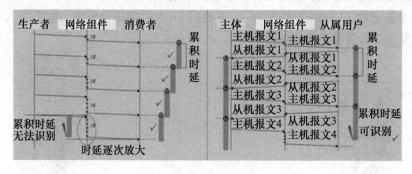

图　5-77

为顺利应对所有可能出现的错误或故障，Safety over EtherCAT 协议另外包含：

1）会话（session）编号：用于识别一个完整起动序列的缓存。

2）明确的连接 ID 和从属地址：凭借独一无二的地址可识别可能误传的信息。

3）CRC 检验总次数：用于检验信息安全性，监控传输过程中由于信息变更可能导致的数据失真。

4）序列编号：用于识别所有信息的混淆、重复、插入或丢失等情况。

5.6.3　现场总线系统 Ethernet/IP（EIP）

Ethernet/IP（以太网工业协议）是一种基于以太网的开放式现场总线。除 Ethernet/IP 以外，还有两个开放式网络标准：DeviceNet 和 ControllerNet。这三个网络标准使用一个通用的应用程序层面，即 CIP（通用协议）。借此可使得现场设备通过控制系统层面贯通连接至主控层面。

Ethernet/IP 以 CIP（通用协议）信息作为工作手段，这种信息以封装形式通过标准 TCP/IP 框架来传输：信息是封装在一个信封内，然后通过 TCP/IP 寄出，最后由接收者解封并分析处理。Ethernet/IP 可如同其他依赖于以太网的现场总线系统那样实时运作，不过 TCP 并非作为协议而是作为 UDP（用户寻址信息协议）。Ethernet/IP 网络示例如图 5-78 所示。

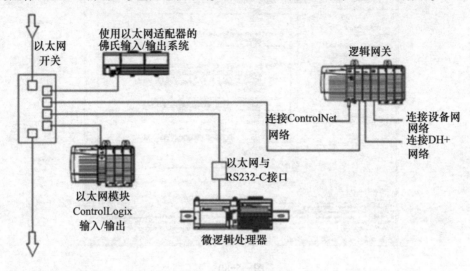

图　5-78

1. Ethernet/IP 现场总线设备

有很多知名制造商都提供 Ethernet/IP 现场总线设备。在这里以 AllenBradley 公司的系统集成（图 5-79）为例进行说明。

图　5-79

（1）顶部模块 1734-AENT　通过 RJ45 链接 Ethernet/IP。

（2）数字式输出模块 1734-OB8S　以端子板为连接手段的 8 个数字输出端。

（3）数字式输入模块 1734-IB8S　以端子板为连接手段的 8 个数字输入端。

2. Ethernet/IP 诊断

EIPScan（Ethernet/IP 扫描模拟测试工具）是用于测试 Ethernet/IP 设备的简单型扫描器。

EIPScan 可以调整 I/O 链接，以交换网络里的 I/O 数据，如图 5-80 所示。库卡不采用这种需付费的扫描器作为诊断工具。对于硬件诊断可采用与以太网相同的工具，例如 Wireshark。

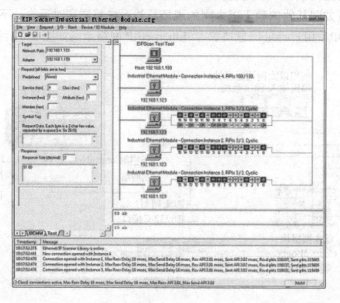

图 5-80

　　Wireshark 是一个网络封包分析软件，其通过特定接口直接与网卡进行数据报文交换。网络封包分析软件的功能类似于"电工技师使用电表来测量电流、电压、电阻"的工作，只是将场景移植到网络上，并将电线替换成网络线。在过去，网络封包分析软件是非常昂贵，或是专门用于营利用的软件。Wireshark 的出现改变了这一切。在通用公共许可证的保障范围下，使用者可以免费取得软件及其源代码，并拥有针对其源代码修改及定制化的权利。

5.7　故障诊断

5.7.1　控制系统操作面板（CSP）诊断

1. 诊断性 LED 指示灯

　　借助 LED 指示灯检测 KR C4 控制系统的工作状态。工作状态下的诊断性 LED 指示灯如图 5-81 所示。其说明见表 5-30。

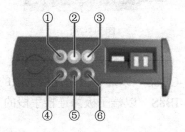

图 5-81

表 5-30

序　号	名　称	说　明
1	LED1	运行模式 LED
2	LED2	睡眠模式 LED
3	LED3	自动模式 LED
4	LED4	故障 LED
5	LED5	故障 LED
6	LED6	故障 LED

2. 示例

1）CSP 测试：见表 5-31。

表 5-31

显　示	说　明
	如果所有 LED 在接通后亮灯长达 3s，表示 CSP 正常

2）自动模式：见表 5-32。

表 5-32

显　示	说　明
	LED1=亮 LED3=亮 控制系统处于自动运行方式
	LED1=亮 控制系统不处于自动运行方式

3）休眠模式：见表 5-33。

表 5-33

显　示	说　明
	LED2 缓慢闪烁 控制器处于休眠模式
	LED1 缓慢闪烁 控制系统从休眠模式苏醒

4）ProfiNet 协议网络连接诊断：见表 5-34。

表 5-34

显　示	说　明
	LED1=亮 LED4 缓慢闪烁 LED5 缓慢闪烁 LED6 缓慢闪烁 ProfiNet 协议网络连接诊断被执行

常见故障状态、说明及补救措施见表 5-35。

表 5-35

显　示	说　明	补 救 措 施
	LED1 缓慢闪烁 LED4 亮 BIOS 故障	更换 PC
	LED1 缓慢闪烁 LED5=亮 Windows 或 PMS 启动时超时（电源管理）	更换硬盘 重新导入映象
	LED1 缓慢闪烁 LED6=亮 等待 RTS "运行" 时超时	重新导入映象 进行设置
	LED1 缓慢闪烁等待 HMI 就绪时超时	—

5.7.2　使用诊断显示器

利用菜单项 "诊断显示器"，可针对主系统的众多软件模块显示各种诊断数据，定位硬件或配置里的错误。

这里有两种图示化形式：

1）在 HMI 现场直接显示。

2）通过控制台里的 WorkVisual 软件演示。

图 5-82 为各种模块概览，其中并非所有模块都与客户项目相关。

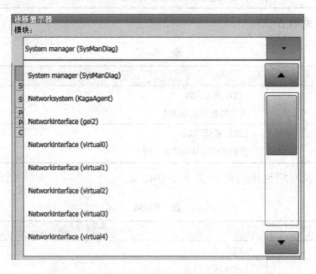

图　5-82

1）如图 5-83 所示，该模块具有 RDC 信道（轴）列表。

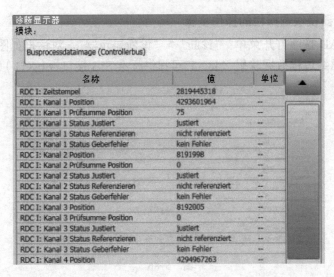

图　5-83

2）如图 5-84 所示，该模块具有 ECat 驱动程序列表。

图　5-84

3）如图 5-85 所示，该模块具有 smartPAD 信号列表。

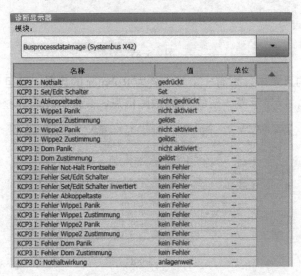

图　5-85

进入诊断显示器模块选择栏的操作步骤

1）在 SmartPAD 按序打开菜单："诊断" > "诊断显示器"，对话框如图 5-86 所示。

2）选中模块总线过程数据映射 X48，它可提供标准 SIB 接口板（X11）的输入/输出信号。

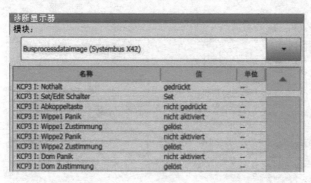

图　5-86

5.7.3　KRCDiag

KRCDiag 不用于直接分析故障，而是用于将故障打包保存然后发送给库卡热线分析的诊断工具。

它将生成一个名为 KRCDiag_[日期]T[钟面时间].zip 的压缩文件（图 5-87），然后存放在路径 C：\KUKA\KRCDiag\之下。或将该文件直接保存到一个存储盘里。

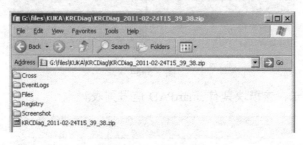

图　5-87

在图 5-88 所示的目录中，附有一个带有各为 Roboter 的目录。该目录应按具体情况包含一个折合式信息窗口，以显示多一些的错误/故障信息，其同样包含完整的档案以供查询。

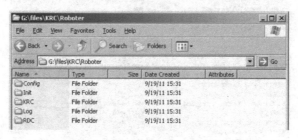

图　5-88

创建 KRCDing 的操作步骤：

1）按序打开菜单："文件" > "存档" > "USB（ ）"或"网络" > "KRCDiag"。

2）打开信息窗口，创建一个 KRCDiag 文件。

3）文件 KRCDiag_[日期]T[钟面时间].zip 发送至库卡。

或者按以下步骤创建：

1）按序打开菜单："诊断" > "KrcDiag"。

2）"打开信息窗口"，创建一个 KRCDiag 文件。

3）文件 KRCDiag_[日期]T[钟面时间].zip 现在存放在 C：\KUKA\KRCDiag\。

5.8 KR C4 保养

在客户完成设备调试之后，要按照规定保养期限执行保养工作。保养位置及其保养周期和任务如图 5-89 和表 5-36 所示。

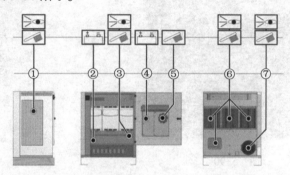

图 5-89

表 5-36

位 置	周 期	任 务
1	最迟 2 年	根据装配条件和污染程度，用刷子清洁换热器
2	根据蓄电池监控的显示	更换蓄电池
3	均压塞变色时	视装配条件及污染程度而定。检查均压塞外观：白色滤芯颜色改变时须更换
4	5 年	更换主板电池
5	5 年（三班运行情况下）	更换控制 PC 的风扇
6	最迟 2 年	根据装配条件和污染程度用刷子清洁 KPP、KSP 的散热器和低压电源件
7	最迟每 1 年	根据装配条件和污染程度，用刷子清洁外部风扇的保护栅栏

1. 工位 1/5/6/7 的清洁工作

（1）工作守则

1）在进行清洁工作时，要遵守清洁剂生产厂家的说明。

2）必须防止清洁剂渗入电气部件内。

3）不允许使用压缩空气进行清洁。

4）请勿用水喷射。

（2）清洁步骤

1）将积聚的灰尘松解并吸出。

2）用浸有柔性清洁剂的抹布清洁机器人控制系统。

3）用不含溶解剂的清洁剂清洁线缆、塑料部件和软管。

4）更换已损坏或看不清的文字说明和铭牌，补充缺失的说明和铭牌。

2. 蓄电池的更换步骤

1）将控制系统关机并采取措施防止其意外重启。

2）拧松滚花螺母的螺栓，然后将冷却槽（图 5-90③）拆出。

3）将本机蓄电池连接线（图 5-91①）拔出，或将控制柜里的插头 X305 拔掉。

①冷却槽固定装置
②蓄电池
③冷却槽

图 5-90

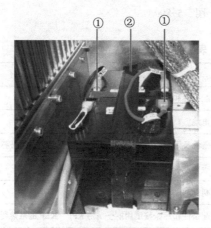

①蓄电池连接线
②魔术贴

图 5-91

4）将魔术贴（图 5-91②）取下。

5）将两块蓄电池块取出（两块电池务必同时更换）。

6）将新的蓄电池块装入，然后插上蓄电池连接线。

7）用魔术贴将两个蓄电池块紧固。

8）将冷却槽装入且拧紧。

9）实施功能测试。

3. 更换均压塞的操作步骤（图 5-92）

1）拆出海绵垫圈。

2）更换滤芯。

3）放入海绵垫圈并调整，直到它与均压塞完全齐平。

① 均压塞
② 滤芯
③ 海绵垫圈

图　5-92

4. 主板电池的更换步骤

控制设备计算机主板上的电池只允许在库卡维修服务部同意的条件下由得到授权的保养维修人员进行更换。

主板电池的更换步骤（图 5-93）:

1）打开计算机机盖。

2）小心解开卡箍，然后将电池取出。

① 主板电池

图　5-93

3）换上新的主板电池。

4）将卡箍重新锁紧。

5. 箱体冷却系统清污的步骤

1）将背板上侧和下侧各 2 个螺钉松开。

2）将背板向后拉出。

3）将侧面盖上侧 2 个螺钉松开。

4）将侧面盖往上推出。

5）检查散热器上的脏污，必要时吸净赃物。

6）按相反顺序将盖板重新装上。

6. 外部风扇的更换步骤

1）从控制柜拔出风扇插头 X14（图 5-94②）。

2）拧松四个螺钉并将固定背板（图 5-94①）拆出。

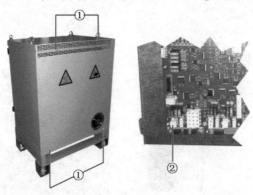

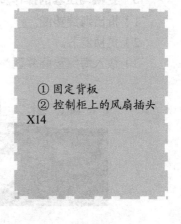

① 固定背板
② 控制柜上的风扇插头 X14

图 5-94

3）将进线套筒的固定螺钉（图 5-95①）拆出。

4）将进线套筒折回，然后拉出连接线。

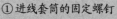

① 进线套筒的固定螺钉
② 电缆套筒的盖板

图 5-95

5）将风扇支架连同风扇一起取下。

6）将新风扇连同支架一起装上并固定，如图 5-96 所示。

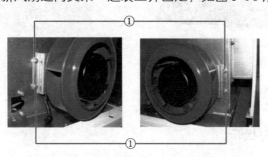

① 固定风扇支架

图 5-96

7）将连接线引入箱柜内。

8）装上进线套筒。

9）装上背板，并将其固定。

10）将风扇插头 X14 插到控制柜上。

5.9 WorkVisual 开发环境

5.9.1 WorkVisual 简介

库卡开发环境 WorkVisual 用于新式 KR C4 控制柜的综合配置。下列功能可通过界面加以调用：

1）利用数据库建立和铺设逻辑性的现场总线。

2）离线创建机器人程序。

3）编辑安全配置。

4）管理输入/输出端。

5）诊断功能。

6）机器人控制系统概览。

7）示波器记录和评估。

对每项任务都可个别地进行配置和编程。各项任务汇总到一个 WorkVisual 项目中，然后以一个文件的形式发送给 KR C4 控制系统。与此相反，完成的可用项目可以再回到 WorkVisual 操作界面接收归档或编辑。传输本身可利用传统网络连接来执行。

5.9.2 操作界面

软件包 WorkVisual 是受控于 KR C4 的机器人工作单元的工程环境。WorkVisual 操作界面如图 5-97 所示。它具有以下功能：

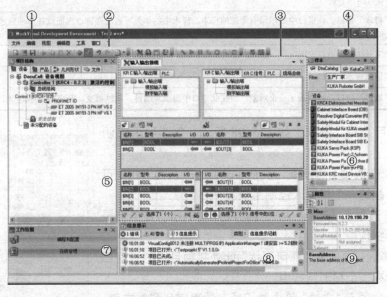

图 5-97

1）将项目从机器人控制系统传输到 WorkVisual　在每个具有网络连接的机器人控制系统中都可选出任意一个项目并传输到 WorkVisual 里。即使该计算机里尚没有该项目时也能实现。

2）将项目与其他项目进行比较，如果需要则应用差值　一个项目可以与另一个项目比较。这可以是机器人控制系统上的一个项目或一个本机保存的项目。用户可针对每一区别单个决定他是否想沿用当前项目中的状态，还是采用另一个项目中的状态。

3）将项目传送给机器人控制系统。

4）架构并连接现场总线。

5）编辑安全配置。

6）对机器人离线编程。

7）管理长文本。

8）诊断功能。

9）在线显示机器人控制系统的系统信息

WorkVisual 操作界面各区域的说明见表 5–37。

在默认状态下，并非所有单元都显示在操作界面上，可通过菜单项"窗口"和"编辑器"显示或隐藏。

表　5-37

序　号	说　　明
1	菜单栏
2	按键栏
3	编辑器区域，如果打开了一个编辑器，则将在此显示。可能同时有多个编辑器打开（图 5-98）。这种情况下，这些编辑器将上下排列，可通过选项卡选择
4	"帮助"键
5	"项目结构"窗口
6	"样本"窗口，该窗口中显示所有添加的样本。样本中的单元可通过在窗口内拖放并添加到选项卡"设备"或"几何形状"里
7	"工作范围"窗口
8	"信息提示"窗口
9	"属性"窗口，若选择了一个对象，则在此窗口中显示其属性。属性可变。灰色栏目中的单个属性不可改变

（1）"项目结构"窗口　如图 5-98 所示。各选项卡说明如下：

1）设备：在选项卡"设备"中显示设备的关联性。此处可将单个设备分配给一个机器人控制系统。

2）产品：选项卡"产品"将一个产品所需的所有任务均显示在一个树形结构中。

3）几何形状：选项卡"几何形状"此处将项目中的所有三维对象均显示在一个树形结构中。

4）文件：选项卡"文件"包含属于项目的程序和配置文件。其中，用不同颜色显示不同来源的文件名。

① 自动生成文件（用功能"生成代码"）：灰色。

图　5-98

② 在 WorkVisual 中手动贴入的文件：蓝色。

③ 从机器人控制系统传输到 WorkVisual 的文件：黑色项目浏览器。

（2）项目浏览器　WorkVisual 项目浏览器可对项目进行管理，如图 5-99 所示。

图　5-99

1）最后的文件：显示最后使用的文件。

2）建立项目：用于生成一个新的空项目，根据模板建立一个新项目，在现有项目基础上创建新项目。

3）项目打开：打开现有项目。

4）查找从机器人控制系统加载一个项目。

（3）如用 WorkVisual 加载项目的方法　在每个具有网络连接的机器人控制系统中，都可选出一个项目并传送给 WorkVisual。即使该计算机里尚没有该项目时也能实现。

所选传送的项目保存在目录：Eigene Dateie\WorkVisualProjects\Do-wnloaded Projects 之下或按照以下步骤查找。

1）按序选择菜单项："文件" > "查找项目"，"WorkVisual 项目浏览器" 随即打开。左侧已选中选项卡 "查找"。

2）在可用工作单元栏展开所需工作单元的节点。该工作单元的所有机器人控制系统均显示出来。

3）展开所需机器人控制系统的节点，所有项目均将显示。

4）选中所需项目，单击 "打开" 键，项目将在 WorkVisual 里打开。

5.9.3　项目比较

利用 "比较" 功能可显示已存项目与 KR C4 里现有项目之间的差异。为此，必须将 KR C4 在线项目与已在 WorkVisual 保存的相同项目同时打开。WorkVisual 的计算机和 KR C4 控制柜位于同一网络里。

项目之间的差异以一览表的形式显示出来。对于每项区别，都可选择要应用哪种状态，如图 5-100 所示。相应说明见表 5-38。

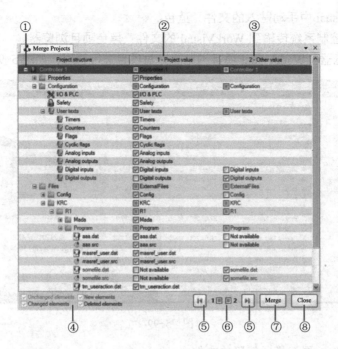

图　5-100

表　5-38

序　号	说　明
1	机器人控制系统节点。各项目区以子节点表示。展开节点，以显示比较 若有多个机器人控制系统，则这些系统将上下列出 1）在一行中始终在需应用的值前打钩选择（或者利用末行里的复选框） 2）当"不可用"栏被打钩选择时，表示该单元没有被应用或者已从项目中删除 3）若在一个节点处打钩，则所有下级单元处都将自动勾选。若在一个节点处取消勾选，则所有下级单元也将自动弃选。也可单独编辑下级单元。 4）填满的小方框表示下级单元中至少有一个被选，但非全选
2	WorkVisual 中所打开项目的状态
3	比较项目中的状态
4	用于显示和隐藏各类区别的过滤器
5	显示概览中所选定行的详细信息
6	返回箭头：显示中的焦点跳到前一区别 向前箭头：显示中的焦点跳到下一区别 关闭的节点将自动展开
7	复选框显示焦点所在行的状态。也可不直接在行中，而是在此划钩或去除勾选
8	关闭"合并项目"窗口

项目比较的操作步骤：

1）在 WorkVisual 中按序选择菜单项"工具" > "Compare projects（比较项目）"，如图

5-101 所示,弹出"比较项目"窗口。

图 5-101

2)选择需与当前 WorkVisual 项目做比较的项目,例如实际机器人控制系统上的同名项目。如图 5-102 所示。

图 5-102

3)单击"继续",显示一个进度条(如果项目包含多个机器人控制系统,则显示每个系统的进度条)。

4)当进度条已填满且出现状态显示"合并准备就绪"时,单击"显示区别"键,项目之间的差异即以一览表的形式显示出来。若未发现差异,则在信息窗口中显示与此相关的信息,继续执行第 8)步,随后无须执行后续步骤。

5)对每种差异均应选择需采用的状态。不必选择一次性完成所有差异的合并。如果合适的话,也可保留默认选择。

6)按动"合并",将更改传给 WorkVisual 应用。

7)重复步骤 5)和 6)任意多次。这样可逐步编辑各个区域。若不再有其他区别,则显示"无其他区别。"

8)关闭"比较项目"窗口。

9)若在机器人控制系统的项目中改变了附加轴的参数,则必须在 WorkVisual 中将其更新:

① 为这些附加轴打开机器参数配置窗口。

② 在一般轴相关机器参数区域内按用于导入机器参数的按键,数据即被更新。

10)保存项目。

5.9.4 传送项目

如果项目已发生变化，WorkVisual 必须将变化情况发送给控制系统。库卡将该做法叫作"Deployen"（调度）。在将一个项目传输到机器人控制系统时，总是先生成代码。与实际机器人控制系统之间的网络连接是调度的首要条件。

> ℹ️ 如果在实际应用的机器人控制系统上有一个项目，在先前某时已被传输但从未被激活，则会在传输另一个项目时被覆盖。

通过某个项目的传输和激活，一个在实际应用的机器人控制系统上的同名项目被覆盖（在安全询问之后）。

1. 生成代码

按序打开菜单"工具"＞"生成代码"，或者按按钮 ，代码在"项目结构"窗口的选项卡"文件"中显示。自动生成的代码显示为浅灰色，如图 5-103 所示。

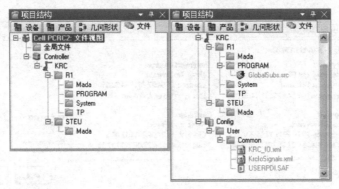

图 5-103

当过程结束时，信息窗口中显示以下信息提示：编译了项目<"{0}"V{1}>。结果见文件树。

2. 项目传送的操作步骤

1）在菜单栏中单击"安装..."键，弹出"项目传输"窗口。

2）如果所涉及的项目还未从机器人控制系统回传至 WorkVisual，则它还不包含所有配置文件。这通过一个提示显示出来。配置文件包括机器参数文件、安全配置文件和很多其他的文件。如图 5-104 所示。

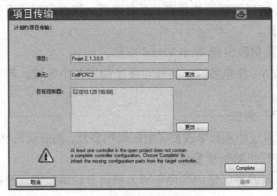

图 5-104

如果未显示该提示，继续执行第 13）步，如果显示该提示，继续执行第 3）步。

3）单击"完整化"。显示安全询问"项目必须保存，并重置激活的控制系统！您想继续吗？"。

4）单击"是"应答，弹出"合并项目"窗口，如图 5-105 所示。

图　5-105

5）选择一个要应用其配置数据的项目，例如一个在实际存在的机器人控制系统上的激活项目。

6）单击"继续"键，显示一个进度条。如果项目包含多个机器人控制系统，则显示每个系统的进度条。

7）当进度条已填满且出现状态显示"合并准备就绪"时，单击"显示区别"键，项目之间的差异即以一览表的形式显示出来。

8）对每种差异均应选择需采用的状态。不必一次完成所有差异的这种选择。如果合适的话，也可保留默认选择。

9）单击合并，以应用更改。

10）重复步骤 8）和 9）任意多次。这样，可逐步编辑各个区域。若不再有其他区别，则显示以下信息"无其他区别"。

11）关闭"比较项目"窗口。

12）在菜单栏中单击"安装…"键，重新显示单元归类概览。有关不完整配置的提示不再显示。

13）单击"继续"键，启动生成程序。当进度条显示 100%时，程序即已生成，项目被传输。

14）单击"激活"键。

15）仅限于运行方式 T1 及 T2：KUKA smartHMI 显示安全询问"允许激活项目[…]吗？"。另外还显示"通过激活是否会覆盖一个项目""如果是的话，是哪一个？"。

如果没有重要的项目被覆盖，则需在 30min 之内单击"是"键确认。

16）显示相对于机器人控制系统仍激活项目而进行的更改的概览（图 5-106）。通过"详细信息"复选框可以显示相关更改的详情。

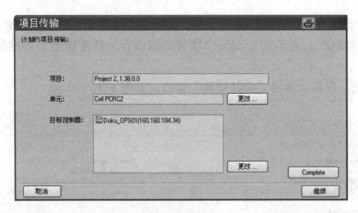

图 5-106

17）概览显示安全询问"您想继续吗?"。单击"是",该项目即在机器人控制系统中激活，WorkVisual 将显示一条确认信息，如图 5-107。

图 5-107

18）单击【结束】键关闭窗口【项目传输】。

19）若未在 30min 内回答机器人控制系统的询问，则项目仍将传输，但在机器人控制系统中不激活。该项目可独立激活。

5.9.5 项目管理

项目可直接在机器人控制系统中激活。也可在机器人控制系统上从 WorkVisual 激活。激活的项目如图 5-108 所示。

机器人控制系统可对系统内的多个项目实行管理。与此相关的所有功能只在用户组"专家"里才可处理。"项目管理"窗口及其相应说明如图 5-109 和表 5-39 所示。

图 5-108

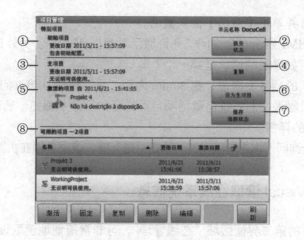

图　5-109

表　5-39

序　　号	说　　明
1	将显示初始项目
2	重新恢复机器人控制系统的供货状态。只限于"专家"以上的用户组使用
3	将显示主项目
4	建立主项目的一份副本。只限于"专家"以上的用户组使用
5	显示激活的项目
6	将激活的项目作为主项目保存。激活的项目保持激活状态。只限于"专家"以上的用户组使用
7	建立一份激活项目的状态已锁定的副本。只限于"专家"以上的用户组使用
8	项目列表。此处不显示激活的项目

除了通常的项目外，"项目管理"窗口还包含表 5-40 所示的特别项目。

表　5-40

项　　目	说　　明
初始项目	初始项目总是存在。用户无法更改。它包含供货时机器人控制系统的状态
主项目	用户可将激活的项目作为主项目来保存。该功能一般用于确保一个有效可靠的项目状态
	主项目不能激活，但可以复制。用户无法更改主项目，但它可以通过保存一个新的主项目被覆盖（在安全询问之后）
	如果激活了一个未包含所有配置文件的项目，则从主项目里提取和应用所缺失的信息

> ℹ️　　　　限制：如果激活时会影响到通信参数的范围更改，则必须选择"安全维护员"或更高级别的用户组。
>
> 如果选择了工作模式 AUT 或 AUT EXT，当只会引起 KRL 程序变化时才能激活项目。如果项目中含有会造成其他变化的设置，则不能将其激活。

项目管理的操作步骤如下：

1）按序选择菜单项："文件" > "项目管理"，弹出"项目管理"窗口。

2）选中所需项目并单击【激活】键来激活。

3）KUKA smartHMI 显示安全询问"允许激活项目[…]吗？"。另外还显示"是否通过激活以覆盖一个项目""如果是的话，是哪一个？"。

4）如果没有相关的项目要覆盖，在 30min 内用"是"键确认该询问。

5）显示相对于机器人控制系统仍激活项目而进行的更改的概览。通过"详细信息"复选框可以显示相关更改的详情。

6）概览显示安全询问"您想继续吗?"。单击"是"键，该项目即在机器人控制系统中激活。

5.9.6　通过 WorkVisual 读取在线系统信息

通过 WorkVisual 的第二界面区域"在线管理"，可非常简便地读取设备可能存在的信息。这样即使不在现场例如从控制台或机器人工位就能查询设备状态。

在单元视图窗口中选择所希望的机器人控制系统，可以选择多个系统。单击"建立档案"按钮，弹出如图 5-110 所示对话框，其相应说明见表 5-41。

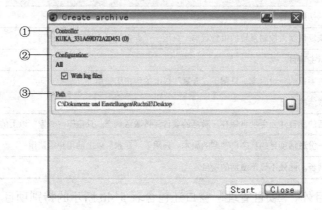

图　5-110

表　5-41

项　　目	名　　称	说　　明
1	控制系统	在此可显示机器人控制系统的名称 若用"全部存档"键打开了窗口，则此处将显示在单元视图窗口中选出的所有机器人控制系统
2	配置	激活：记录数据将被一同存档 未激活：记录数据不存档
3	路径	在此可选择一个存档的目标目录。将为每个机器人控制系统建立一个 zip 文件作为档案。zip 文件的名称中始终包含机器人名称和机器人控制系统的名称

5.9.7　WorkVisual 诊断显示器

通过诊断功能可对多个控制系统进行检视。而在每个控制系统里又可显示各种软件模块的大量诊断数据。

使用 WorkVisual 诊断显示器的前提条件：

1）机器人控制系统已建立网络连接（KLI）。

2）机器人控制系统和 KUKA smartHMI 已启动。

3）工作区域"在线管理"已打开。

WorkVisual 诊断显示器的操作步骤

1）在"单元视图"窗口中选取想要的机器人控制系统，也可选择多个系统。

2）按序选择菜单项："编辑器" > "诊断显示器"。

3）为每个所选机器人控制系统显示一条记录项。展开一个机器人控制系统的记录项。

4）在模块概览下选定一个模块。针对选定模块显示诊断数据。

诊断显示器窗口如图 5-111 所示。其相应说明见表 5-42。

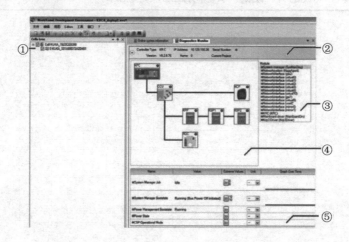

图 5-111

表 5-42

序 号	说 明
1	可用在线机器人控制系统概览
2	展开/合上机器人控制系统记录项
	机器人控制系统中激活的项目的名称在建立与机器人控制系统的连接期间，名称旁的小灯闪烁。有了连接后，小灯即会消失
	该小灯显示机器人控制系统的状态： 1）红色：当至少一个模块处于红色状态时 2）黄色：当至少一个模块处于黄色状态而无模块为红色状态时 3）绿色：当所有模块处于绿色状态时 绿色闪烁：试图与机器人控制系统创建连接
3	模块概览 小灯显示模块的状态： 1）红色：当至少一个参数处于红色状态时 2）黄色：当至少一个参数处于黄色状态且无参数为红色状态时 3）绿色：当所有参数处于绿色状态时

（续）

序 号	说 明
4	总线拓扑结构的拓扑结构： 1）控制器总线 2）库卡操作面板接口 若设备在实际应用的机器人控制系统中不存在，则其旁边的小灯呈灰色
5	选定模块的诊断数据 小灯显示参数的状态： 1）红色：当数值超出"极限值"栏红色小方框里的定义范围时 2）黄色：当数值超出"极限值"中黄色小方框里的规定范围时 3）绿色：当数值处于"极限值"黄色小方框里的规定范围内时

第6章

KUKA 机器人实操实例

- ➤ 具有外部 TCP 运动编程的应用
- ➤ 变螺距工件激光淬火中的应用
- ➤ 变曲率钣金焊接中的应用
- ➤ 搬运应用

目前弧焊机器人、点焊机器人、装配机器人、喷涂机器人及搬运机器人等工业机器人已被大量应用于汽车制造业、机械加工业、电子工业及塑料加工业中，本章将介绍工业机器人的一些典型应用。

6.1 具有外部 TCP 运动编程的应用

1. 应用功能描述

本应用针对一些需要抓取工件靠近外部固定工具或者固定物进行后续工艺的生产情况。其效果图如图 6-1 所示。

具体来说，如使用 KUKA 机器人吸取车窗玻璃并运动到车窗架进行后续安装。这时，我们一般采用吸盘的方式吸取玻璃。机器人通过安装在第六轴末端的吸盘吸取车窗玻璃，然后进行后续工艺动作。

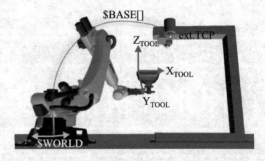

图　6-1

2. 操作流程之前的准备

在此应用中，不但要指定合适的基坐标系，而且也要指定合适的工具坐标系。

在进行具体操作之前，必须先进行固定工具测量，其具体步骤如下：

1）在主菜单中选择"投入运行" > "测量" > "固定工具" > "工具"。

2）为固定工具指定一个号码和一个名称，单击"继续"键。

3）输入所用参考工具的编号，单击"继续"键。

4）在"5D/6D"栏中选择一种规格，单击"继续"键。

5）用已测量工具的 TCP 移至固定工具的 TCP。单击"测量"，单击"是"确认位置。

6）如果选择了"5D"，将连接法兰调整成与固定工具的作业方向垂直。如果选择了"6D"，将连接法兰调整成与工具的作业方向垂直。

7）单击"测量"，单击"是"确认位置。

8）按下"保持"键。

还需测量由机器人引导的工件，其具体步骤如下：

1）选择菜单序列"投入运行" > "测量" > "固定工具" > "工件" > "直接测量"。

2）为工件分配一个编号和一个名称。单击"继续"键。

3）输入固定工具的编号。单击"继续"键。

4）将工件坐标系的原点移至固定工具的 TCP 上。
单击"测量"键，单击"是"确认位置。

5）将在工件坐标系的正向 X 轴上的一点移至固定工具的 TCP 上。
单击"测量"键，单击"是"确认位置。

6）将一个位于工件坐标系的 XY 平面且 Y 值为正的点移至固定工具的 TCP 上。
单击"测量"键，单击"是"确认位置。

7）输入工件负载数据，然后按下"继续"键。

8）按下"保存"键。

此类应用在编程时要注意以下方面:

1)联机表格中的标识:在选项窗口"Frames"中,"外部TCP"项的值必须为"TRUE"。如图 6-2 所示。

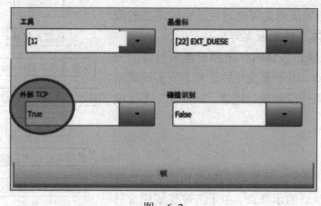

图 6-2

2)运动速度以外部 TCP 为基准。

3)沿轨迹的姿态也以外部 TCP 为基准。

4)不但要指定合适的基坐标系,也要指定合适的工具坐标系。

3. 应用操作流程

本应用是把汽车玻璃从货架的某层上吸取,在路径规划过程中一定要避开障碍磕碰和机器人姿态调整等方面的问题。操作流程如图 6-3 所示。

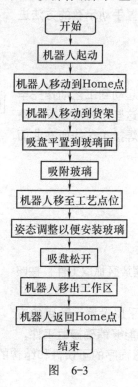

图 6-3

机器人如何判断已经吸紧玻璃

主要是通过安装在吸盘上的真空吸力传感器把信号传给机器人,以此来判断玻璃是否已吸好。

激光器如何联动开关光

KUKA 机器人控制箱有十分强的外接兼容能力,可通过 PLC 外接激光器,并通过编辑相应的指令控制激光器开关光。

6.2　变螺距工件激光淬火中的应用

1．应用功能描述

使用 KUKA 机器人进行激光表面热处理也是目前比较常见的应用方式，一般应用于规则的旋转体工件的表面淬火。

在选择机器人的运行轨迹和操作方法时，采用设置示教点的方法。在此过程中需同步外部轴运动，由于是变螺距工件，应多设置示教点，并注意在联机表格中改变每一段的运行速度，以保证工艺速度恒定。

2．应用操作流程

本应用的操作流程如图 6-4 所示。从机器人起动到工艺动作完毕回到 Home 点，本操作选取一系列的示教点，由于工件是规则旋转体，在这些示教点之间使用 LIN 指令。

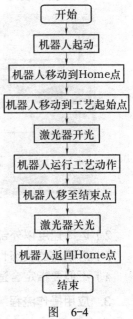

图　6-4

6.3　变曲率钣金焊接中的应用

1．应用功能描述

使用 KUKA 机器人对汽车车身进行焊接是最广泛的一种应用。在选择机器人的运行轨迹和操作方法时，采用设置手动示教的方法进行程序编辑。

2．应用操作流程

本应用的操作流程如图 6-5 所示。从机器人起动到工艺动作完毕回到 Home 点，本操作选取一系列的示教点，在这些示教点之间可使用 CIRC 指令。工具的姿态在运动的过程中随着焊接工艺线所在曲面的法线方向变化而变化。

6.4　搬运应用

1．应用功能描述

使用 KUKA 机器人，利用气动抓手从工件摆放区抓取工件，按照规格要求摆放到工作区中。

在选择机器人的运行轨迹和操作方法时，采用设置示教点的方法。灵活应用 LIN、CIRC 等指令，使得机器人能够精确搬运工件，并保证安全到达工作区。在编程过程中，要注意程序的可读性和结构的合理性，通常采用结构化程序设计的方法。

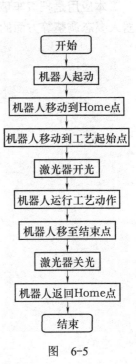

图　6-5

2. 应用操作流程

本应用的操作流程如图 6-6 所示。从机器人起动到工艺动作完毕回到 Home 点，本操作选取一系列的示教点，在这些示教点之间可使用 LIN、CIRC 指令。

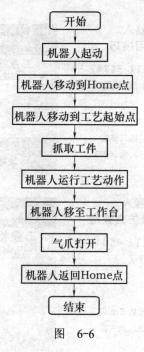

图　6-6